개념 연결 연산의 발견

2권
초등
1학년

"엄마, 고마워!"라는 말을 듣게 될 줄이야!

모든 아이들은 공부를 잘하고 싶어 한다. 부모가 아이의 잘하고 싶은 마음에 대해 믿음을 가지고 도와주는 것이 중요하다. 무작정 이것저것 많이 시켜 부담을 주는 것이 아니라 부모가 내 공부를 도와주고 있다는 마음이 전해지면 아이는 신이 나서 공부를 한다. 수학 공부에 있어서는 꼼꼼하게 비교해 좋은 문제집을 추천해주는 것이 바로 그 마음이 될 것이다. 『개념연결 연산의 발견』을 가까운 초등 부모들에게 미리 주어 아이들이 풀어보도록 했다. 많은 부모들이 아이가 문제 푸는 재미에 푹 빠졌다고 했으며, 문제뿐만 아니라 친절한 개념 설명과 고학년까지 연결되는 개념의 연결에 열광했다. 아이들이 겪게 되는 수학 공부의 어려움을 꿰뚫고 있는 국내 최고의 수학교육 전문가와 현직 교사들의 합작품답다. 아이의 수학 때문에 고민하는 부모들에게 자신 있게 추천한다. 이 책은 마지못해 억지로 하는 공부가 아니라 자발적으로 자신의 문제를 해결해가는 성취감을 맛보게 해줄 것이다. "엄마 덕분에 수학에 자신감이 생겼어요!" 이렇게 말하는 아이의 모습이 그려진다.

박재원(사람과교육연구소 부모연구소장)

연산을 새롭게 발견하다!

잘못된 연산 학습이 아이를 망친다

　아이의 수학 공부 때문에 골치 아파하는 초등 부모님을 많이 만났습니다. "이러다 '수포자'가 되면 어떡하나요?" 하고 물어 오는 부모님을 만날 때마다 수학의 본질이 무엇인지, 장차 우리 아이들이 초등 시절을 지나 중·고등학생이 되었을 때 수학 공부가 재미있고 고통이지 않으려면 어떻게 해야 하는지, 근본적인 고민을 반복했습니다. 30여 년 중·고등학교에서 수학을 가르치며 아이들에게 초등수학 개념이 많이 부족함을 느꼈고, 초등학교 때의 결손이 중·고등학교를 거치며 눈덩이처럼 커지는 것을 목도했습니다. 아이러니하게도 중·고등학교 현장을 떠난 후에야 초등수학을 제대로 공부할 기회가 생겼고, 학생들의 수학 공부법을 비로소 정립할 수 있어 정말 행복했습니다. 그러나 기쁨도 잠시, 초등 부모님들의 고민은 수학의 본질이 아니라 눈앞의 점수라는 사실을 알게 되었습니다. 결국 연산이었지요. 연산이 수학의 기초임은 두말할 나위 없는 사실인데, 오히려 수학 공부에 장해가 될 줄은 꿈에도 생각지 못했습니다. 초등수학 교과서를 독파하고도 깨닫지 못한 현실을 시중에 유행하는 연산 학습법이 알려주었습니다. 교과서는 연산의 정확성과 다양성을 추구합니다. 그리고 이것이 연산 학습의 본질입니다. 그런데 시중의 연산 학습지 대부분은 정확성과 다양성보다 빠른 계산 속도와 무지막지한 암기를 유도합니다. 그리고 상당수 부모님이 이것을 받아들여 아이들을 속도와 암기에 몰아넣습니다.

좌절감과 열등감을 낳는 연산 학습

　속도와 암기는 점수를 높여줄 수 있다는 장점을 갖지만, 그보다 많은 부작용을 안고 있습니다. 빠른 계산 속도에 대한 집착은 아이에게 좌절감과 열등감을 줍니다. 본인의 계산 속도라는 것이 있는데 이를 무시하고 가장 빠른 아이의 속도에 맞추기만 하면 무한의 속도 경쟁에서 실패자가 되기 쉽습니다. 자기 속도에 맞지 않으면 자기주도가 될 수 없으니 타율 학습이 됩니다. 한쪽으로 자기주도학습을 강조하면서 연산 학습에서는 타율 학습을 강요하면 아이들의 '자기주도'는 점점 멀어질 수밖에 없습니다. 또 무조건적인 암기는 이해를 동반하지 않으므로 아이들이 수학을 암기 과목으로 여기게 만들고, 이 때문에 많은 아이가 중·고등학교에 올라가 수학을 싫어하게 됩니다. 아이들은 연산 공부와 여타의 수학 공부를 달리 보지 못합니다. 연산을 공부할 때처럼 모든 수학 공부를 무조건적인 암기와 빠른 시간 안에 답을 맞혀야 한다고 생각합니다. 이러한 생각은 중·고등학교를 넘어 평생 갑니다. 그래서 성인이 된 뒤에도 자신의 자녀들에게 이런 식의 연산 학습을 시키는 데 주저하지 않게 됩니다.

수학이 좋아지는 연산 학습을 개발하다

이 두 가지 부작용을 해결하기 위해 많은 부모님을 설득했지만 대안이 없었습니다. 부모님 스스로 해결하는 경우가 드물었습니다. 갈수록 피해가 커지는 현상을 막아야겠다고 결심했습니다. 그래서 현직 초등 교사들과 의논하고 이들을 설득해 초등 연산 학습을 정리하고 그 결과를 책으로 내게 되었습니다. 교사들이 나서서 연산 학습을 주도한다는 비난을 극복하고 연산을 새롭게 발견하는 기회를 제공해야 한다는 일념으로 이 책을 만들었습니다. 우리 아이가 처음으로 접하는 수학인 연산은 즐거워야 합니다. 아이를 사랑하는 마음으로 제대로 된 연산 문제집을 만들어보자고 했을 때 흔쾌히 따라준 개념연산팀 선생님들에게 감사드립니다. 지난 4년여 동안 휴일과 방학을 반납하고 학생들의 연산 학습 실태 조사, 회의와 세미나, 집필 등에 온 힘을 쏟아주셨습니다. 그리고 먼저 문제를 풀어보고 다양한 의견을 주신 박재원 소장님과 부모님들께 감사의 말씀을 전합니다.

2020년 1월
전국수학교사모임 개념연산팀을 대표하여
최수일 씀

연산의 발견은 이런 책입니다!

❶ 개념의 연결을 통해 연산을 정복한다

기존 문제집들이 문제 풀이 중심인 반면, 『개념연결 연산의 발견』은 관련 개념의 연결과 핵심적인 개념 설명으로 시작합니다. 해당 문제가 이해되지 않으면 전 단계의 문제를 다시 풀고, 확장된 내용이 궁금하면 다음 단계 개념에 해당하는 문제를 바로 풀어볼 수 있는 장치입니다. 스스로 부족한 부분이 어디인지 쉽게 발견하여 자기주도적으로 복습 혹은 예습을 할 수 있습니다. 개념연결을 통해 고학년이 되어서도 결코 무너지지 않는 수학의 기초 체력을 키울 수 있습니다. 연산을 구조화시켜 생각하게 만드는 개념연결은 1~6학년 연산 개념연결 지도를 통해 한눈에 확인할 수 있습니다. 연산을 공부할 때부터 개념의 연결을 경험하면 수학 전체를 공부할 때도 개념을 연결하는 습관을 가질 수 있습니다.

❷ 현직 교사들이 집필한 최초의 연산 문제집

시중의 문제집들과 달리, 30여 년간 수학교사로 근무하고 수학교육의 혁신을 위해 시민단체에서 활동하고 있는 최수일 박사를 팀장으로, 수학교육 석·박사급 현직 교사들이 중심이 되어 집필한 최초의 연산 문제집입니다. 교육 경험이 도합 80년 이상 되는 현직 교사들의 현장감과 전문성을 살려 문제를 풀며 저절로 개념을 연결시키는 연산 프로그램을 만들었습니다. '빨리 그리고 많이'가 아닌 '제대로 그리고 최소한'으로 최대의 효과를 얻고자 했습니다. 내용의 업그레이드뿐 아니라 형식에서도 현직 교사들의 경험을 반영해 세세한 부분까지 기존 문제집이 부족한 부분을 개선했습니다. 눈의 피로와 지우개질까지 생각해 연한 미색의 질긴 종이를 사용한 것이 좋은 예가 될 것입니다.

❸ 설명하지 못하면 모르는 것이다 -선생님놀이

아이들은 연산에서 실수가 잦습니다. 반복된 연산 훈련으로 개념을 이해하지 못하고 유형별, 기계적으로 문제를 마주하기 때문입니다. 연산 실수는 훈련으로 극복되기도 하지만 이는 근본적인 해법이 아닙니다. 답이 맞으면 대개 이해했다고 생각하며 넘어가는데, 조금 지나면 도로 아미타불인 경우가 많습니다. 답이 맞았다고 해도 풀이 과정을 말로 설명하지 못하면 개념을 이해하지 못한 것입니다. 그래서 아이가 부모님이나 친구 등에게 설명을 하는 문제를 실었습니다. 아이의 설명을 잘 들어보고 답지의 해설과 대조해보면 아이가 문제를 얼마만큼 이해했는지 알 수 있습니다.

❹ 문제를 직접 써보는 것이 중요하다 -필산 문제

개념을 완벽하게 이해하기 위해 손으로 직접 써보는 문제를 배치했습니다. 필산은 계산의 경로가 기록되기 때문에 실수를 줄여주며 논리적 사고력을 키워줍니다. 빈칸 채우는 문제를 아무리 많이 풀어도 직접 식을 써보지 않으면 연산 학습에서 큰 효과를 기대하기 어렵습니다. 요즘 아이들은 숫자를 바르게 써서 하나의 식을 완성하는 데 어려움을 겪는 경우가 많습니다. 연산 학습은 하나의 식을 제대로 써보는 것이 그 시작입니다. 말로 설명하고 손으로 기록하면 개념을 완벽하게 이해할 수 있습니다.

❺ '빠르게'가 아니라 '정확하게'!

초등에서의 연산력은 중학교 이상의 수학을 공부하는 데 기초가 됩니다. 중·고등학교 수학은 복잡한 연산을 요구하지 않습니다. 주어진 문제를 이해하여 식을 쓰고 차근차근 해결해나가는 문제해결능력이 더 중요합니다. 초등학교 때부터 문제를 빨리 푸는 것보다 한 문제라도 정확하게 정리하고 풀이 과정이 잘 드러나도록 식을 써서 해결하는 습관이 중·고등학교에 가서 수학을 잘하는 비결입니다. 우리 책에서는 충분히 생각하면서 문제를 풀도록 시간에 제한을 두지 않았습니다. 속도는 목표가 될 수 없습니다. 이해가 되면 속도는 자연히 따라붙습니다.

❻ 학생의 인지 발달에 맞는 문제 분량

연산은 아이가 처음 접하는 수학입니다. 수학은 반복적으로 훈련하는 것이 아니라 생각의 힘을 키우는 학문입니다. 과도하게 많은 문제를 풀면 수학에 대한 잘못된 선입관을 갖게 되어 수학 과목 자체가 싫어질 수 있습니다. 우리 책에서는 아이들의 발달 단계에 따라 개념이 완전히 내 것이 될 수 있도록 학년별로 적절한 수의 문제를 배치해 '최소한'으로 '최대한'의 효과를 낼 수 있도록 했습니다.

❼ 문제 중간 튀어나오는 돌발 문제

한 단원 내에서 똑같은 유형의 문제가 반복적으로 나오면 생각하지 않고 기계적으로 문제를 풀게 됩니다. 연산을 어느 정도 익히면 자동화되는 경향이 있기 때문입니다. 이런 경우 실수가 생기고, 답이 맞을 수는 있지만 완전히 아는 것이 아닐 수 있습니다. 우리 책에는 중간중간 출몰하는 엉뚱한 돌발 문제로 생각의 끈을 놓을 수 없는 장치를 마련해두었습니다. 어떤 문제를 맞닥뜨려도 해결해나가는 힘을 기를 수 있습니다.

❽ 일상의 수학을 강조하다 -문장제

뇌과학적으로 우리의 기억은 일상에 활용할만한 가치가 있는 것을 저장하고, 자기연관성이 있으면 감정을 이입하여 그 기억을 오래 저장한다고 합니다. 우리 책은 일상에서 벌어지는 다양한 상황을 문제로 제시합니다. 창의력과 문제해결능력을 향상시켜 계산이 전부가 아니라 수학적으로 생각하는 힘을 키워줍니다.

2권

초등 1학년

차례

교과서에서는?

1단원 100까지의 수

99보다 1만큼 더 큰 수를 100이라고 해요. 이 단원에서는 100까지 수의 범위에서 수를 세고 읽고 쓰는 공부를 해요. 1학기 때 배운 50까지의 수를 기억하면 이번 단원을 이해하기 쉬워요. 몇십몇인 두 수의 크기를 비교할 때는 십의 자리 수가 얼마인지 비교하는 방법을 이용해요. 100까지 수가 쓰인 100도표를 이용하면 수를 이해하는 데 도움이 되지요.

교과서에서는?

2단원 덧셈과 뺄셈(1)

3+4+2와 같이 세 수를 더하는 덧셈과 8-2-3과 같은 세 수의 뺄셈을 공부해요. 세 수를 더하거나 세 수의 뺄셈을 할 때는 앞에서부터 순서대로 계산할 수도 있고, 순서를 다르게 할 수도 있어요. 또, 두 수를 더해 10이 되는 덧셈과 10에서 어떤 수를 빼는 뺄셈을 공부해요.

교과서에서는?

4단원 덧셈과 뺄셈(2)

(몇)+(몇)=(십몇)이 되는 덧셈을 할 때는 모으기와 가르기를 하여 (십)을 만들어요. 9+4를 계산하려면 9를 3과 6으로 가르기 하고, 6을 4와 더해 10을 만드는 방법으로 덧셈을 해요. 덧셈이 조금 복잡해 보일 수도 있지만 모으기와 가르기로 10을 만드는 것은 1학기 때 이미 배웠으므로 쉽게 할 수 있어요.

2권에서는 무엇을 배우나요

1학기에 배운 50까지의 수에서 범위를 넓혀 100까지의 수를 공부합니다. 50까지의 수에서와 똑같은 원리로 수의 순서와 크기를 비교하는 활동을 합니다. 연산에서 아직 곱셈은 다루지 않고 몇십몇인 수끼리의 덧셈과 뺄셈을 배웁니다. 하지만 받아내림이나 받아올림이 없기 때문에 9까지의 수의 덧셈, 뺄셈과 똑같은 계산을 적용합니다. 그리고 10을 기준으로 가르기와 모으기 한 것을 기초로 (몇)+(몇)=(십몇)이 되는 덧셈과 (십몇)-(몇)=(몇)인 뺄셈을 공부합니다. 그리고 세 수의 덧셈과 뺄셈까지 경험하는데, 이때 다루는 세 수는 9까지의 수입니다.

> **교과서에서는?**
> ⋯⋯⋯⋯⋯⋯
> 6단원 **덧셈과 뺄셈(3)**
>
> 받아올림이 없는 덧셈과 받아내림이 없는 뺄셈을 공부해요. 받아올림이나 받아내림이 없다는 것은 (몇십몇)에서 (몇십)은 (몇십)끼리, (몇)은 (몇)끼리 계산할 수 있다는 뜻이에요. 그래서 같은 자리 수끼리 더하거나 빼면 쉽게 계산할 수 있답니다.

연산의 발견

사용 설명서

나? 내 이름은 똑개!

똑똑한 개념연결, 똑 개야!

각 단계의 제목

새 교육과정의
교과서 진도와 맞추었어요.
학교에서 배운 것을 바로 복습하며
문제를 풀어봐요. 하루에 두 쪽씩
진도에 맞춰 문제를 풀다 보면
나도 연산왕!

개념연결

구체적인 문제와 문제의 연결로 이루어져 있어요.
실수가 잦거나 헷갈리는 문제가 있다면
전 단계의 개념을 완전히 이해 못한 것이에요.
자기주도적으로 복습 혹은 예습을 할 수 있게 도와줍니다.

배운 것을 기억해 볼까요?

이전에 학습한 내용을 알고 있는지
확인해보는 선수 학습이에요.
개념연결과 짝을 이뤄 학습 결손이
생기지 않도록 만든 장치랍니다.
배웠다고 넘어가지 말고 어떻게 현 단계와
연결되는지 생각하면서 문제를 풀어보세요.

30초 개념

교과서에 나와 있는 개념 설명을 핵심만 추려
정리했어요. 해당 내용의 주제나 정리를
제목으로 크게 넣었어요. 제목만 큰 소리로 읽어봐도
개념을 이해하는 데 도움이 될 거예요.
그 아래에는 자세한 개념 설명과 풀이 방법을 넣었어요.

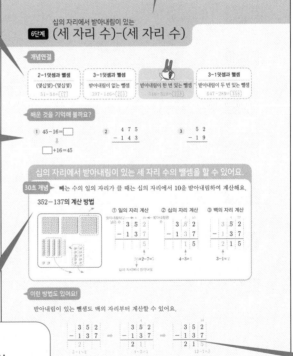

수학은 주어진 문제를 이해하고 차근히 해결해나가는 것이
중요해요. 그래서 시간제한이 없는 대신
본인의 성취를 별☆로 표시하도록 했어요.
80% 이상 문제를 맞혔을 경우 다음 페이지로(별 4~5개),
그 이하인 경우 개념 설명을 다시 읽어보도록 해요.
완전히 이해가 되면 속도는 자연히 따라붙어요.

개념 익히기

30초 개념에서 다루었던 개념이
그대로 적용된 필수 문제예요.
똑개의 친절한 설명을 따라
문제를 풀다 보면 연산의 기본자세를
잡을 수 있어요.

덤

선생님들의 꿀팁이에요.
교육 현장에서 학생들이
자주 실수하거나
헷갈리는 문제에 대해
짤막하게 설명해줘요.

이런 방법도 있어요!

문제를 푸는 방법이 하나만 있는 건 아니에요.
수학은 공식으로만 푸는 것이 아닌,
생각하는 학문이랍니다. 선생님들이 좀 더 쉽게
개념을 이해할 수 있는 방법이나 다르게
생각할 수 있는 방법들을 제시했어요.

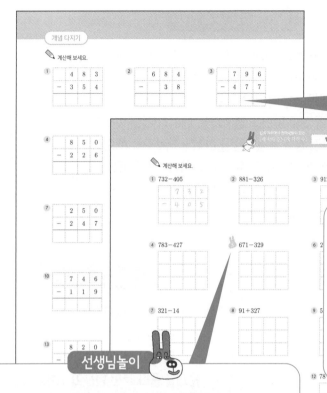

개념 다지기

계산해 보세요.

① 4 8 3 − 3 5 4
② 6 8 4 − 3 8
③ 7 9 6 − 4 7 7
④ 8 5 0 − 2 2 6
⑦ 2 5 0 − 2 4 7
⑩ 7 4 6 − 1 1 9
⑬ 8 2 0 −

계산해 보세요.

① 732−405
7 3 2 − 4 0 5
② 881−326
③ 912−60
④ 783−427
671−329
⑦ 321−14
⑧ 91+327
⑮ 864−258

개념 다지기

개념 익히기보다 약간 난이도가 높은 실전 문제들이에요. 특히 개념을 완벽하게 이해하도록 도와주는, 손으로 직접 쓰는 필산 문제가 들어 있어요. 필산을 하면 계산 경로가 기록되기 때문에 실수가 줄고 논리적 사고력이 길러져요.

돌발 문제

똑같은 유형의 문제가 반복되면 생각하지 않고 문제를 풀게 되지요. 하지만 문제 중간에 엉뚱한 돌발 문제가 출몰한다면 생각의 끈을 놓을 수 없을 거예요. 덤으로, 어떤 문제를 맞닥뜨려도 풀어낼 수 있는 힘을 얻게 된답니다.

선생님놀이

답이 맞았다고 해도 풀이 과정을 말로 설명하지 못하면 개념을 이해하지 못한 거예요. 부모님이나 친구에게 설명을 해보세요. 그리고 답지에 나와 있는 모범 해설과 대조해보면 내가 이 문제를 얼마만큼 이해했는지 알 수 있을 거예요.

개념 키우기

일상에서 벌어지는 다양한 상황이 서술형 문제로 나옵니다. 새 교육과정에서 문장제의 비중이 높아지고 있습니다. 문장제는 생활 속에서 일어나는 상황을 수학적으로 이해하고 식으로 써서 답을 내는 과정이 중요한 문제로, 수학적으로 생각하는 힘을 키워줘요.

개념 키우기

문제를 해결해 보세요.

① 교통안전 퀴즈 대회에 참가한 어린이는 352명이고, 이 중 148명이 남학생입니다. 대회에 참가한 여학생은 모두 몇 명인가요?

식 답 명

② 민주네 모둠은 줄넘기를 254번 했고, 진아네 모둠은 민주네 모둠보다 138번 더 적게 했습니다. 진아네 모둠은 줄넘기를 몇 번 했나요?

식 답 번

③ 모둠별로 소망을 담은 종이접기를 하고 있습니다. 그림을 보고 물음에 답하세요.

1모둠 127개   2모둠 152개   3모둠 163개

(1) 종이접기를 가장 많이 한 모둠은 어느 모둠인가요?

( )모둠

(2) 종이배는 종이비행기보다 몇 개 더 많은가요?

식 답 개

(3) 종이비행기를 몇 개 더 접으면 종이학과 개수가 같아지나요?

식 답 개

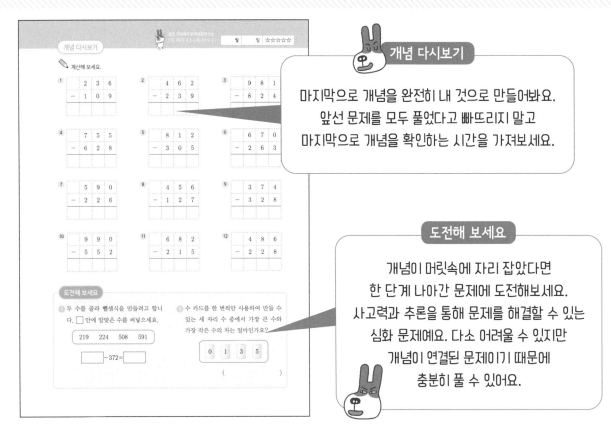

개념 다시보기

마지막으로 개념을 완전히 내 것으로 만들어봐요.
앞선 문제를 모두 풀었다고 빠뜨리지 말고
마지막으로 개념을 확인하는 시간을 가져보세요.

도전해 보세요

개념이 머릿속에 자리 잡았다면
한 단계 나아간 문제에 도전해보세요.
사고력과 추론을 통해 문제를 해결할 수 있는
심화 문제예요. 다소 어려울 수 있지만
개념이 연결된 문제이기 때문에
충분히 풀 수 있어요.

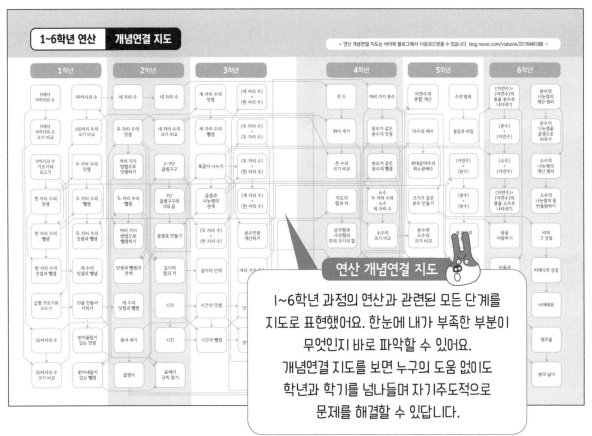

연산 개념연결 지도

1~6학년 과정의 연산과 관련된 모든 단계를
지도로 표현했어요. 한눈에 내가 부족한 부분이
무엇인지 바로 파악할 수 있어요.
개념연결 지도를 보면 누구의 도움 없이도
학년과 학기를 넘나들며 자기주도적으로
문제를 해결할 수 있답니다.

개념연결

1-19까지의 수	1-150까지의 수		1-2세 자리 수
9까지의 수 세기	50까지의 수 읽기	100까지의 수	뛰어 세기
🍎🍎🍎🍎🍎-⑤	②1-스물하나, 이십일	39-④0-41	200-300-④00

배운 것을 기억해 볼까요?

①  ☐

②

10개씩 묶음: ☐

낱개: ☐

③
수	10개씩 묶음	낱개
34		4
	2	5

99까지의 수를 알 수 있어요.

30초 개념 10보다 큰 수를 셀 때는 10개씩 묶음으로 세요. 이때 몇십몇을 10개씩 묶음 몇 개와 낱개 몇 개로 나타낼 수 있어요.

10개씩 묶음으로 세기

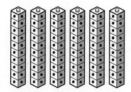 10개씩 묶음: 6개

60

10개씩 묶음과 낱개로 수 세기

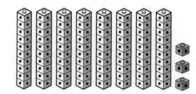 10개씩 묶음: 8개
낱개: 3개

83

이런 방법도 있어요!

수는 두 가지 방법으로 읽을 수 있어요.

60	70	80	90
육십	칠십	팔십	구십
예순	일흔	여든	아흔

개념 익히기

 10개씩 묶음과 낱개의 수를 써 보세요.

1

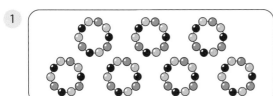

10개씩 묶음	낱개

> 낱개
> 10개가 모이면
> 1 묶음이 돼요.

2

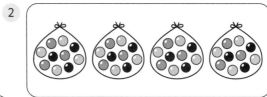

10개씩 묶음	낱개

3

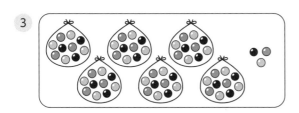

10개씩 묶음	낱개

4

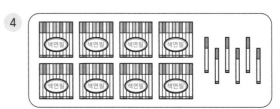

10개씩 묶음	낱개

5

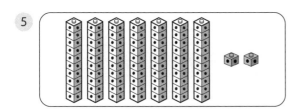

10개씩 묶음	낱개

6

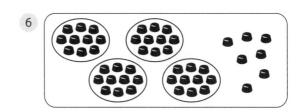

10개씩 묶음	낱개

7

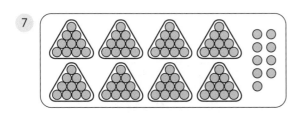

10개씩 묶음	낱개

8

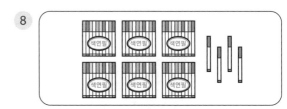

10개씩 묶음	낱개

수를 세어 몇인지 써 보세요.

1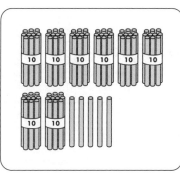

2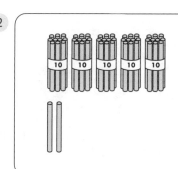

3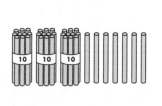

4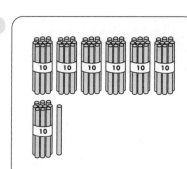

5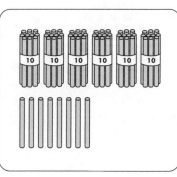

6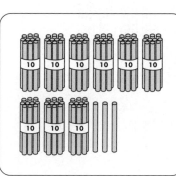

7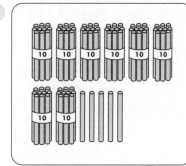

8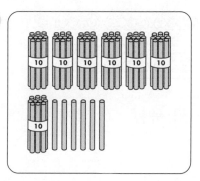

✎ ☐ 안에 알맞은 수를 써넣으세요.

1 10개씩 묶음 6개 ——————— ☐

2 10개씩 묶음 4개와 낱개 5개 ——— ☐

3 10개씩 묶음 7개와 낱개 2개 ——— ☐

4 10개씩 묶음 8개와 낱개 4개 ——— ☐

5 낱개 53개 ——————————— ☐

6 낱개 91개 ——————————— ☐

7 10개씩 묶음 6개와 낱개 6개 ——— ☐

8 10개씩 묶음 9개와 낱개 7개 ——— ☐

9 10개씩 묶음 7개와 낱개 0개 ——— ☐

10 10개씩 묶음 5개와 낱개 9개 ——— ☐

개념 키우기

문제를 해결해 보세요.

1 빈칸에 알맞은 수를 써넣으세요.

수	10개씩 묶음	낱개
68	6	
52		2
87		
	7	4

2 관계있는 것끼리 선으로 이어 보세요.

칠십이 •   • 67 •   • 예순일곱

육십칠 •   • 95 •   • 여든여섯

구십오 •   • 72 •   • 아흔다섯

팔십육 •   • 86 •   • 일흔둘

개념 다시보기

수를 세어 ☐ 안에 알맞은 수를 써넣으세요.

1 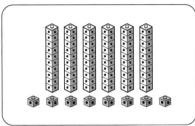 ☐

2 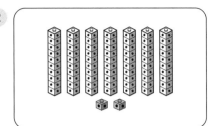 ☐

3  ☐

4 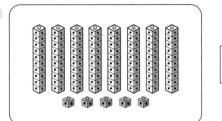 ☐

5 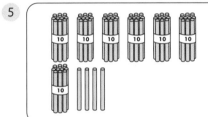 ☐

6 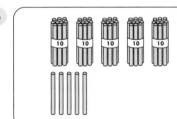 ☐

7 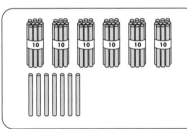 ☐

8 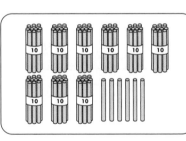 ☐

도전해 보세요

1 두 가지 방법으로 읽어 보세요.

68 → ☐
☐

2 순서에 맞게 빈칸에 수를 써넣으세요.

73 ─ ☐ ─ 75 ─ ☐

개념연결

1−19까지의 수	1−150까지의 수		2−1세 자리 수
9까지 수의 순서	50까지 수의 순서	|00까지의 수	뛰어 세기
7-8-⑨	48-49-⑤⓪	98-⑨⑨-100	565-566-⑤⑥⑦

배운 것을 기억해 볼까요?

① ─ 15 ─ ☐ ─ 17 ─

② 28 26 27
☐<☐<☐

③ 35 34 ☐ 32 ☐

|00까지 수의 순서를 알 수 있어요.

30초 개념

수를 순서대로 놓으면 60, 61, 62, …와 같이 |씩 커져요. 이때 어떤 수 바로 앞의 수는 |만큼 더 작은 수, 바로 뒤의 수는 |만큼 더 큰 수가 돼요.

수의 순서

|만큼 더 큰 수와 |만큼 더 작은 수를 떠올리며 수의 순서를 알아보아요.

─ 54 ─ 55 ─ 56 ─ 57 ─ 58 ─ 59 ─ 60 ─ 61 ─ 62 ─ 63 ─

55보다 |만큼 더 큰 수는 56이고, |만큼 더 작은 수는 54예요.
또 56과 58 사이에 있는 수는 57이에요.

수의 순서를 알아볼 때는 차례로 수를 쓰거나 수를 배열해 놓은 표를 이용하면 편해요.

이런 방법도 있어요!

|00(백)

99보다 |만큼 더 큰 수를 |00이라고 해요.
|00은 백이라고 읽어요.

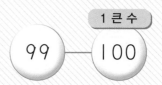

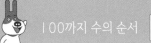

 순서에 맞게 빈 곳에 수를 써넣으세요.

1 43 —— [ ] —— 45

2 50 —— [ ] —— 52

3 79 —— [ ] —— 81

4 14 —— [ ] —— 16

5 60 —— [ ] —— 62

6 57 —— [ ] —— 59

7 88 —— [ ] —— 90

8 73 —— [ ] —— 75

9 69 —— [ ] —— 71

10 55 —— [ ] —— 57

11 70 —— [ ] —— 72

12 97 —— [ ] —— 99

개념 다지기

빈 곳에 알맞은 수를 써넣으세요.

1만큼 더 작은 수 / 1만큼 더 큰 수

1 [ ] — 50 — [ ]

2 [ ] — 69 — [ ]

3 71 — [ ] — 73

4 57 — [ ] — 59

5 33 — [ ] — 35

6 72 — 73 — [ ] — [ ]

7 [ ] — 90 — 91 — [ ]

8 79 — [ ] — [ ] — 82

9 [ ] — 61 — 62 — [ ]

10 [ ] — 87 — [ ] — 89

1씩 커지는 순서대로 수를 써 보세요.

① 61 60 62
(60 ,   ,   )

② 89 90 88
(,   ,   )

③ 57 56 55
(,   ,   )

④ 79 77 78
(,   ,   )

⑤ 82 80 81
(,   ,   )

⑥ 68 70 69
(,   ,   )

⑦ 73 72 70 71
(,   ,   ,   )

⑧ 58 57 59 56
(,   ,   ,   )

⑨ 65 63 64 66
(,   ,   ,   )

⑩ 97 99 98 96
(,   ,   ,   )

개념 키우기

✎ 문제를 해결해 보세요.

1 순서에 맞게 빈칸에 알맞은 수를 써넣으세요.

(1)

61	62								

(2)

		87					91	92	

(3)

	83	82			79	78		

2 수에 알맞은 글자를 찾아 빈칸에 쓰세요.

1	2	3	4	놀	6	7	8	9	10
11	12	개	14	15	16	17	18	19	20
21	22	23	24	25	26	27	28	29	이
31	32	33	34	35	미	학	짱	39	40
41	42	신	44	45	46	47	48	49	50
51	52	53	54	55	!	57	58	59	60
61	나	도	64	65	66	념	68	69	연
71	72	73	74	수	76	77	78	79	80
결	82	83	재	85	86	87	은	89	90
91	92	93	94	95	96	97	98	는	100

75	37	88		43	62	99		5	30

13	67	70	81	56		84	36	63		38	56

개념 다시보기

 순서에 맞게 빈칸에 알맞은 수를 써넣으세요.

1 ─ 65 │ │ 67 │ ─

2 ─ 58 │ 59 │ │ ─

3 ─ 71 │ │ 73 │ ─

4 ─ │ 50 │ 51 │ ─

5 ─ │ 83 │ 84 │ ─

6 ─ │ 91 │ │ 93 ─

7 ─ 79 │ │ 81 │ ─

8 ─ │ │ 61 │ 62 ─

9 ─ │ │ 88 │ 89 ─

10 ─ 96 │ │ 98 │ ─

도전해 보세요

1 ☐ 안에 알맞은 수를 써넣으세요.

70보다 1만큼 더 작은 수는

☐ 이고, 1만큼 더 큰 수는

☐ 입니다.

2 상자를 번호 순서대로 쌓았습니다. 규칙을 찾아 빈칸에 알맞은 수를 써넣으세요.

3단계 수의 크기 비교

개념연결

1-19까지의 수	1-150까지의 수	수의 크기 비교	1-2세 자리 수
수의 크기 비교	수의 크기 비교	50 < 51	수의 크기 비교
5 > 2	32 > 28		534 < 564

배운 것을 기억해 볼까요?

1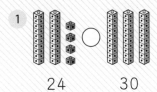

    24   30

2 17 ◯ 21

3

    35   26   38

  ☐ < ☐ < ☐

두 수의 크기를 비교할 수 있어요.

30초 개념

수의 크기를 비교할 때 10개씩 묶음의 개수와 낱개를 구분하여 비교해요. 10개씩 묶음의 개수가 많은 수가 더 큰 수예요.
10개씩 묶음의 개수가 같다면 낱개가 너 많은 수가 큰 수예요.

65와 62의 크기 비교

	65	62
10개씩 묶음 과 낱개	10개씩 묶음: 6개 낱개: 5개	10개씩 묶음: 6개 낱개: 2개
크기 비교	65는 62보다 큽니다.	62는 65보다 작습니다.

이런 방법도 있어요!

(54, 56, 52)의 크기 비교 ⟨ 54, 56, 52 중에서 56이 가장 큽니다.
54, 56, 52 중에서 52가 가장 작습니다.

024

개념 익히기

🖊 ☐ 안에 알맞은 수를 써넣으세요.

1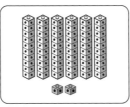

- ☐ 는 ☐ 보다 큽니다.
- ☐ 는 ☐ 보다 작습니다.

2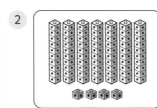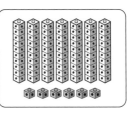

- ☐ 은 ☐ 보다 큽니다.
- ☐ 는 ☐ 보다 작습니다.

3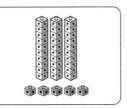

- ☐ 는 ☐ 보다 큽니다.
- ☐ 는 ☐ 보다 작습니다.

4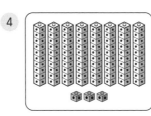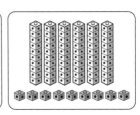

- ☐ 은 ☐ 보다 큽니다.
- ☐ 는 ☐ 보다 작습니다.

5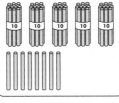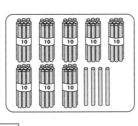

- ☐ 는 ☐ 보다 큽니다.
- ☐ 은 ☐ 보다 작습니다.

6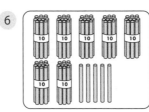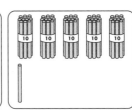

- ☐ 는 ☐ 보다 큽니다.
- ☐ 은 ☐ 보다 작습니다.

7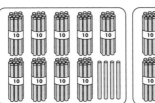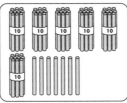

- ☐ 는 ☐ 보다 큽니다.
- ☐ 은 ☐ 보다 작습니다.

8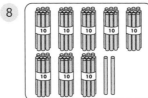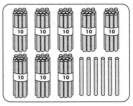

- ☐ 은 ☐ 보다 큽니다.
- ☐ 는 ☐ 보다 작습니다.

두 수의 크기를 비교하여 더 큰 수에 ◯표 하세요.

1 | 72 | 52 |

2 | 65 | 75 |

3 | 83 | 38 |

4 | 52 | 90 |

5 | 70 | 68 |

6 | 99 | 88 |

7 | 62 | 78 |

8 | 50 | 30 |

9 | 86 | 93 |

10 | 77 | 59 |

11 | 68 | 58 |

12 | 39 | 80 |

✏️ 가장 작은 수부터 순서대로 써 보세요.

1 50　30　40

　　(30, 40,　　)

2 65　45　55

　　(　　,　　,　　)

3 85　78　60

　　(　　,　　,　　)

4 73　75　80

　　(　　,　　,　　)

5 52　73　26　90

　　(　　,　　,　　,　　)

6 84　58　37　93

　　(　　,　　,　　,　　)

7 77　88　55　66

　　(　　,　　,　　,　　)

8 7　70　50　36

　　(　　,　　,　　,　　)

9 85　46　82　64　38

　　(　　,　　,　　,　　,　　)

10 75　57　6　52　89

　　(　　,　　,　　,　　,　　)

11 63　91　95　74　30

　　(　　,　　,　　,　　,　　)

12 98　99　95　97　93

　　(　　,　　,　　,　　,　　)

✏️ 문제를 해결해 보세요.

1 ◯ 안에 >, <를 알맞게 써 보세요.

(1)
87 ◯ 90

(2)
57 ◯ 75

(3)
63 ◯ 53

(4)
84 ◯ 82

2 알맞은 수를 찾아 ◯표 하세요.

(1) 10개씩 묶음 7개와 낱개 3개인 수보다 큰 수

| 72 | 74 | 68 | 90 |

(2) 10개씩 묶음 8개와 낱개 4개인 수보다 작은 수

| 85 | 97 | 62 | 8 |

(3) 10개씩 묶음 6개와 낱개 8개인 수보다 작은 수

| 78 | 68 | 89 | 56 |

개념 다시보기

 알맞은 말에 ◯표 하세요.

1 84는 58보다 (큽니다, 작습니다).

2 63은 64보다 (큽니다, 작습니다).

3 85는 73보다 (큽니다, 작습니다).

4 90은 70보다 (큽니다, 작습니다).

5 68은 84보다 (큽니다, 작습니다).

6 53은 74보다 (큽니다, 작습니다).

7 80은 78보다 (큽니다, 작습니다).

8 64는 70보다 (큽니다, 작습니다).

9 98은 99보다 (큽니다, 작습니다).

10 77은 66보다 (큽니다, 작습니다).

도전해 보세요

1 ☐ 안에 들어갈 수 있는 수를 모두 찾아 ◯표 하세요.

74 > 7☐

0   2   4   6   8

2 가장 큰 수에 ◯표, 가장 작은 수에 △표 하세요.

(1) 55   59   51

(2) 91   61   81

(3) 84   95   87

4단계 세 수의 덧셈

▶ 개념연결

1-1 덧셈과 뺄셈	세 수의 덧셈	1-2 덧셈과 뺄셈(1)	1-2 덧셈과 뺄셈(2)
(몇)+(몇)		10이 되는 더하기	(몇)+(몇)=(십몇)
3+5=8	3+4+2=9	8+2+7=17	6+7=13

▶ 배운 것을 기억해 볼까요?

1 (1) 3+2=
   (2) 7+2=

2

3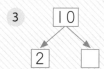

세 수의 덧셈을 할 수 있어요.

30초 개념 ▶ 두 수를 먼저 더한 다음, 그 값에 남은 다른 한 수를 더하는 방법으로 계산해요.

2+1+4의 계산

$$2+\underbrace{1+4}=7$$
③
3
②
7

```
     ①          ②
     2    →     3
  +  1      +   4
  ─────     ─────
     3          7
```

① 앞의 두 수를 더해요.
② 두 수를 더한 값에 남은 수를 더해요.

▶ 이런 방법도 있어요!

더하는 순서를 다르게 해도 계산 결과는 같아요.

$$2+1+4=7$$
①
5
②
7

$$2+1+4=7$$
①
6
②
7

개념 익히기

 계산해 보세요.

1　3+1+4=▢ ◀──

```
    3        ▢
+   1    +   4
─────    ─────
  ▢        ▢
```

세 수의 덧셈은
두 수의 덧셈을
2번 이어서
하는 거예요.

2　2+5+1=▢ ◀──

```
    2        ▢
+   5    +   1
─────    ─────
  ▢        ▢
```

3　3+4+2=▢ ◀──

```
    3        ▢
+   4    +   2
─────    ─────
  ▢        ▢
```

4　4+1+3=▢ ◀──

```
    4        ▢
+   1    +   3
─────    ─────
  ▢        ▢
```

5　2+2+1=▢ ◀──

```
    2        ▢
+   2    +   1
─────    ─────
  ▢        ▢
```

6　6+2+1=▢ ◀──

```
    6        ▢
+   2    +   1
─────    ─────
  ▢        ▢
```

7　5+2+2=▢ ◀──

```
    5        ▢
+   2    +   2
─────    ─────
  ▢        ▢
```

8　1+5+1=▢ ◀──

```
    1        ▢
+   5    +   1
─────    ─────
  ▢        ▢
```

계산해 보세요.

① 2+2+1=☐

② 3+1+2=☐

③ 5+2+1=☐

④ 4+2+2=☐

⑤ 1+6+1=☐

⑥ 1+4+1=☐

⑦ 3+1+5=☐

⑧ 1+1+7=☐

⑨ 6+1+1=☐

⑩ 1+5+2=☐

⑪ 3+5+1=☐

⑫ 1+2+2=☐

 계산해 보세요.

1 2+1+4= ☐

2 5+2+1= ☐

3 3+2+2= ☐

4 1+7+1= ☐

5 6+1+1= ☐

6 2+4+2= ☐

7 3+3+3= ☐

8 4+4+1= ☐

9 1+2+3= ☐

10 4+2+3= ☐

11 6+0+1= ☐

12 1+6+2= ☐

개념 키우기

 문제를 해결해 보세요.

① 장바구니에 당근 2개, 피망 3개, 무 1개가 들어 있습니다.
장바구니에 들어 있는 채소는 모두 몇 개인가요?

식_____ 답_____개

② 백합 4송이, 장미 1송이, 튤립 3송이가 있습니다.
꽃은 모두 몇 송이인가요?

식_____ 답_____송이

③ 호랑이팀과 사자팀이 야구 경기를 하고 있습니다.
표를 보고 물음에 답하세요.

팀＼회	1	2	3			점수
호랑이	3	1	2			
사자	1	2	2			

(1) 3회까지 호랑이팀은 몇 점을 얻었나요?

식_____ 답_____점

(2) 3회까지 사자팀은 몇 점을 얻었나요?

식_____ 답_____점

(3) 어느 팀이 경기에서 이기고 있나요?

( )

034

개념 다시보기

계산해 보세요.

① 2+2+3=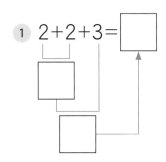

② 1+1+2=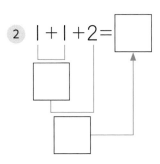

③ 5+1+1=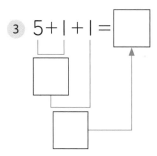

④ 2+2+4=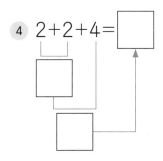

⑤ 1+3+4=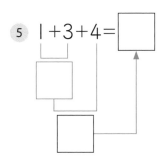

⑥ 3+2+2=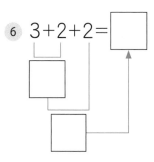

⑦ 4+2+3=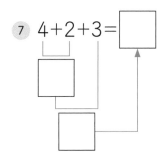

⑧ 1+4+1=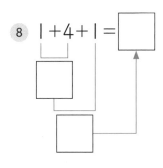

⑨ 0+1+2=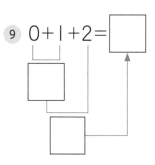

도전해 보세요

❶ 규칙에 맞게 빈 곳에 알맞은 수를 쓰세요.

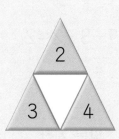

❷ ☐ 안에 알맞은 수를 써넣으세요.

1+9+4=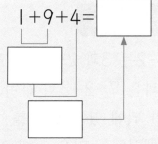

개념연결

1-1덧셈과 뺄셈		세 수의 뺄셈	1-2덧셈과 뺄셈(2)	1-2덧셈과 뺄셈(3)
(몇)-(몇)			(십몇)-(몇)	(몇십몇)-(몇십몇)
6-2=4		9-1-3=5	13-8=5	27-12=15

배운 것을 기억해 볼까요?

1 4+1+2=

2 (1) 9-6=
   (2) 6-5=

3

```
     10
   ↙    ↘
  □      3
```

세 수의 뺄셈을 할 수 있어요.

30초 개념
가장 큰 수에서 나머지 수를 차례로 빼요.
세 수의 뺄셈은 계산 순서에 따라 답이 달라질 수 있기 때문에
반드시 앞에서부터 차례로 계산해요.

7-2-3의 계산

$7-2-3=2$
①
5
②
2

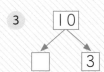

① 맨 앞의 수에서 두 번째 수를 빼요.
② 나온 수에서 남은 수를 빼요.

이런 방법도 있어요!

7-3-2는 3과 2를 빼는 것이므로
그 결과는 7-2-3과 같아요.
하지만 뒤에 있는 3-2를
먼저 계산하는 것은 절대 안 돼요!

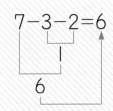

맞는 계산   틀린 계산

개념 익히기

✏️ 계산해 보세요.

① 4−2−1 = ☐
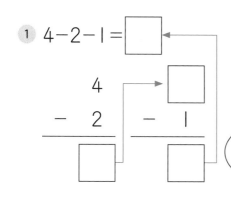

앞에서부터 순서대로 계산해요.

② 3−1−1 = ☐
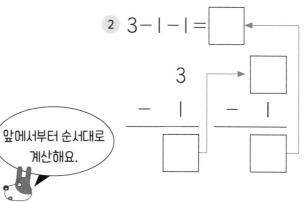

③ 6−1−3 = ☐

④ 8−2−5 = ☐

⑤ 9−3−1 = ☐

⑥ 7−1−5 = ☐
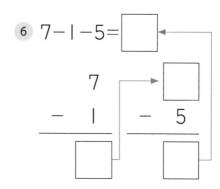

⑦ 8−3−2 = ☐

⑧ 9−1−1 = ☐
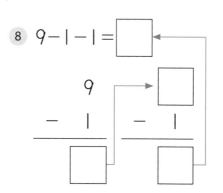

계산해 보세요.

① 6-3-2=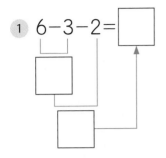

② 7-2-3=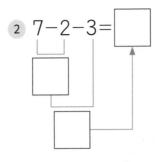

③ 4-1-3=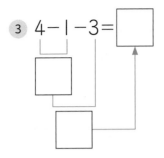

④ 5-2-2=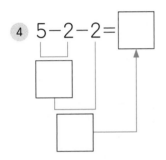

⑤ 8-5-1=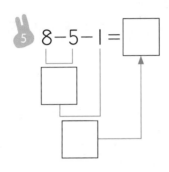

⑥ 9-2-4=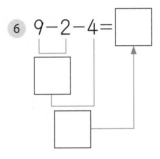

⑦ 7-1-2=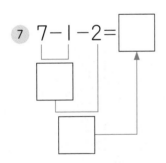

⑧ 2+3+2=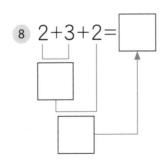

⑨ 5-1-3=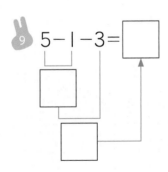

⑩ 5+1+3=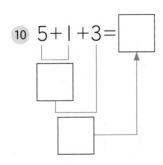

⑪ 4-0-1=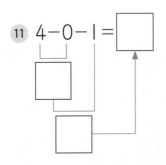

⑫ 7-1-4=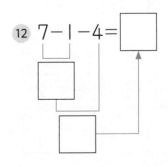

✏️ 계산해 보세요.

1   $5-2-2=$ ☐

2   $7-3-3=$ ☐

3   $1-0-1=$ ☐

4   $1+2+4=$ ☐

5   $7-4-1=$ ☐

6   $5-3-2=$ ☐

7   $9-2-5=$ ☐

8   $6-1-3=$ ☐

9   $8-2-2=$ ☐

10   $3-0-2=$ ☐

11   $8-1-4=$ ☐

12   $5+1+2=$ ☐

개념 키우기

 문제를 해결해 보세요.

1 귤 9개 중에서 내가 3개를, 동생이 2개를 먹었습니다.
남아 있는 귤은 몇 개인가요?

식＿＿＿＿＿＿＿＿＿　답＿＿＿＿＿＿개

2 아빠가 빵 6개를 사 오셨는데, 동생이 1개, 누나가 2개를 먹었습니다.
빵은 몇 개가 남았나요?

식＿＿＿＿＿＿＿＿＿　답＿＿＿＿＿＿개

3 차가 같은 것끼리 선으로 이어 보세요.

8-1-2　•　•　8-1-4

9-2 6　•　•　7-0-2

6-2-1　•　•　8-5-2

040

개념 다시보기

✏️ 계산해 보세요.

① 8−4−1=☐

② 9−2−6=☐

③ 5−2−3=☐

④ 6−1−2=☐

⑤ 7−2−4=☐

⑥ 9−1−7=☐

⑦ 8−2−5=☐

⑧ 5−3−0=☐

⑨ 8−1−5=☐

도전해 보세요

① 규칙에 맞게 빈 곳에 알맞은 수를 쓰세요.

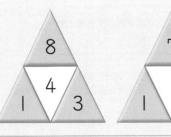

8
4
1   3

7

1   1

② 계산해 보세요.

(1) 17−7−4=☐

(2) 46−21−13=☐

6단계 (몇)+(몇)의 계산

개념연결

1-1덧셈과 뺄셈	(몇)+(몇)

1-1덧셈과 뺄셈

(몇)+(몇)

3+4=[7]

(몇)+(몇)

7+8=[15]

1-2덧셈과 뺄셈(2)

(몇)+(몇)+(십몇)

9+5=[14]

2-1덧셈과 뺄셈

(몇십몇)+(몇십몇)

26+18=[44]

배운 것을 기억해 볼까요?

1 (1) 5+3=
   (2) 2+7=

2

3 (1) 2+4+2=
   (2) 7-3-2=

이어 세어서 (몇)+(몇)을 할 수 있어요.

30초 개념 몇에서 다른 수를 이어 세기 하여 두 수를 더할 수 있어요.
(몇)+(몇)에서는 더하는 순서를 바꾸어 계산할 수도 있어요.

8+4의 계산

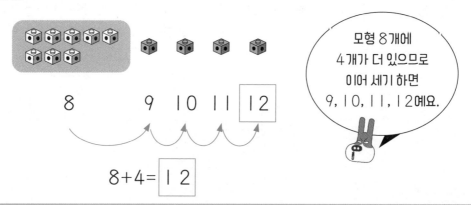

모형 8개에
4개가 더 있으므로
이어 세기 하면
9, 10, 11, 12예요.

8   9 10 11 [12]

8+4=[12]

이런 방법도 있어요!

두 수를 바꾸어 더해도 계산 결과는 같아요.

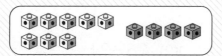

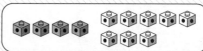

8+4=12

4+8=12

042

개념 익히기

 모형을 보고 계산해 보세요.

①

$7+5=$ ☐

②

$8+3=$ ☐

③

$9+2=$ ☐

④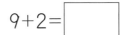

$7+4=$ ☐

⑤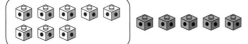

$8+5=$ ☐

⑥

$6+6=$ ☐

⑦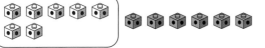

$7+6=$ ☐

⑧

$9+4=$ ☐

이어 세어 계산해 보세요.

1 8+5=

2 4+8=

3 3+9=

4 8+3=

5 9+5=

6 7+8=

7 5+7=

8 2+9=

9 6+8=

10 7+5=

✏️ 그림을 보고 식을 써서 계산해 보세요.

1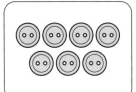

$7 + 5 =$ ☐ ☐

2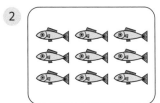

☐ ☐ ☐ ☐ ☐

3

☐ ☐ ☐ ☐ ☐ ☐

4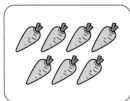

☐ ☐ ☐ ☐ ☐ ☐

5

☐ ☐ ☐ ☐ ☐

6

☐ ☐ ☐ ☐ ☐

7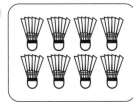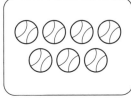

☐ ☐ ☐ ☐ ☐

8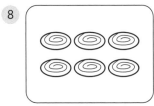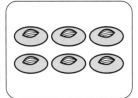

☐ ☐ ☐ ☐ ☐

9

☐ ☐ ☐ ☐ ☐ ☐

10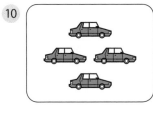

☐ ☐ ☐ ☐ ☐

개념 키우기

✏️ 문제를 해결해 보세요.

① 지혜는 훌라후프를 지금까지 7개 넘었습니다.
   지혜가 5개를 더 뛰어넘으면 모두 몇 개를 뛰어넘는 것인가요?

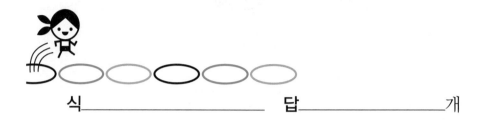

   식_____   답_____개

② 다람쥐는 도토리를 아침에 4개, 저녁에 7개 먹었습니다.
   다람쥐는 도토리를 모두 몇 개 먹었나요?

   식_____   답_____개

③ 합이 같은 것끼리 선으로 이어 보세요.

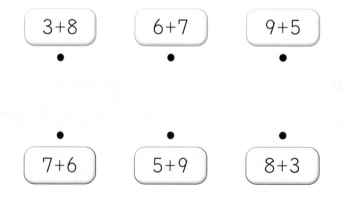

월 | 일 | ☆☆☆☆☆

개념 다시보기

✏️ 이어 세어 계산해 보세요.

1

$6+5=$ ☐

2

$8+3=$ ☐

3

$4+9=$ ☐

4

$5+6=$ ☐

5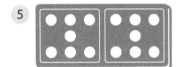

$7+7=$ ☐

6

$3+9=$ ☐

7

$9+5=$ ☐

8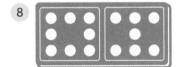

$8+7=$ ☐

9

$6+8=$ ☐

도전해 보세요

1 ☐ 안에 알맞은 수를 써넣으세요.

(1) $9+$ ☐ $=14$

(2) $9+$ ☐ $=15$

(3) $9+$ ☐ $=16$

2 빈칸에 알맞은 수를 써넣으세요.

+	5	4
6	11	
8		12

7단계 10이 되는 더하기, 10에서 빼기

개념연결

1-150까지의 수	10이 되는 더하기와 10에서 빼기	1-2덧셈과 뺄셈(2)	1-2덧셈과 뺄셈(2)
10 모으기와 가르기		두 수의 합이 10이 되는 세 수의 덧셈	(몇)+(몇)
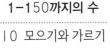	$4+6=10$ $10-3=7$	$3+7+6=16$	$5+9=14$

배운 것을 기억해 볼까요?

1.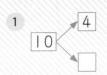

2.
   $7+5=$

3. (1) $7\ \square\ 1=8$
   (2) $9\ \square\ 6=3$

10이 되는 더하기와 10에서 빼기를 할 수 있어요.

30초 개념

두 수를 더해 10이 되게 하거나 10에서 어떤 수를 빼는 것은 10 모으기와 10 가르기와 같아요.

10이 되는 더하기

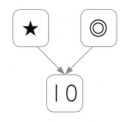

★와 ◎를 더하면 10이 돼요.

★+◎=10

10에서 빼기

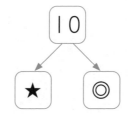

10에서 ★을 빼면 ◎이 돼요.

10-★=◎

이런 방법도 있어요!

10이 되는 더하기는 10에서 빼기를 이용하고, 10에서 빼기는 10이 되는 더하기를 이용할 수 있어요.

$7+3=10$

$10-3=7$

048

개념 익히기

✏️ 그림을 보고 □ 안에 알맞은 수를 써넣으세요.

1

□ +4=10

2

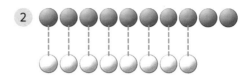

10-8= □

3

□ + □ =10

4

10- □ = □

5

□ + □ =10

6

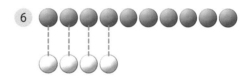

10- □ = □

7

□ + □ =10

8

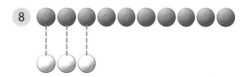

10- □ = □

9

□ + □ =10

10

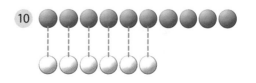

10- □ = □

그림을 보고 ☐ 안에 알맞은 수를 써넣으세요.

1
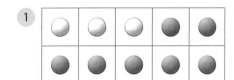

$3+$ ☐ $=10$

2
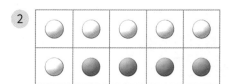

$6+$ ☐ $=10$

3
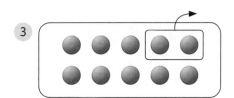

$10-2=$ ☐

4
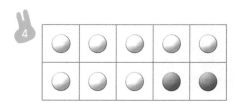

$8+$ ☐ $=10$

5
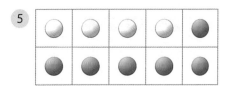

$4+$ ☐ $=10$

6
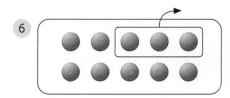

$10-$ ☐ $=$ ☐

7
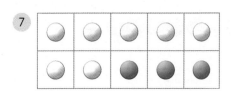

☐ $+3=10$

8
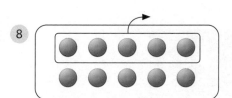

$10-5=$ ☐

9
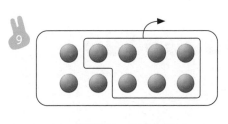

$10-$ ☐ $=$ ☐

10
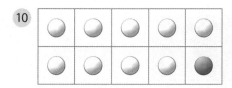

☐ $+$ ☐ $=10$

그림을 보고 식을 써서 계산해 보세요.

1
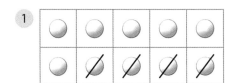

| 1 | 0 | − | 4 | = | |

2
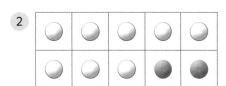

| 8 | + | 2 | = | | |

3
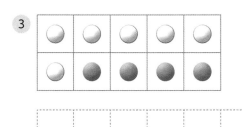

4
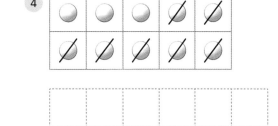

5
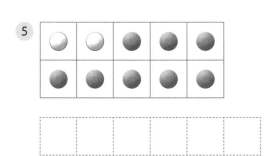

6
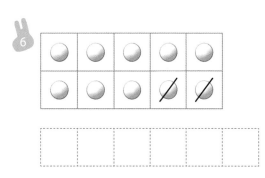

7
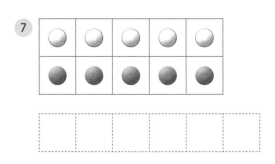

8
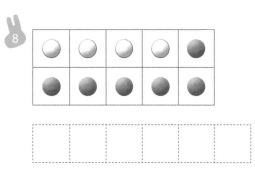

9
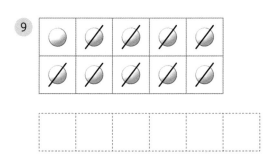

10
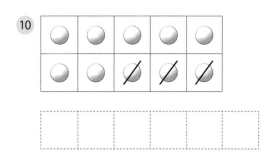

개념 키우기

✏️ 문제를 해결해 보세요.

① 과자가 10개 있습니다. 지혜가 과자를 3개 먹으면 몇 개가 남나요?

식_____   답_____개

② 민지는 동화책을 아침에 4쪽 읽고, 저녁에는 6쪽 읽었습니다.
  모두 몇 쪽을 읽었나요?

식_____   답_____쪽

③ 합이 10이 되는 칸을 모두 색칠해 보세요.

2+8	7−3	0+9	7+3	2+5
4+6	5+3	9+1	6+3	8+2
8+2	6+2	6+4	9−1	3+7
5+5	9−4	2+8	5−5	1+9
7+3	2+6	7+1	4+6	2+7

✏️ 그림을 보고 ☐ 안에 알맞은 수를 써넣으세요.

1

$8+$ ☐ $=10$

2
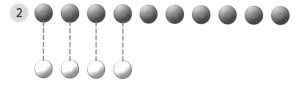

$10-4=$ ☐

3
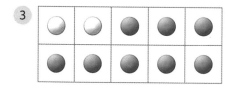

$2+$ ☐ $=10$

4
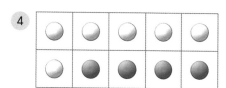

$6+$ ☐ $=10$

5
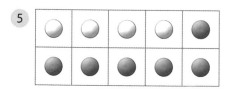

$4+$ ☐ $=10$

6
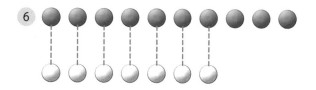

$10-$ ☐ $=3$

도전해 보세요

1 현지는 한 달 동안 동화책 6권, 위인전 4권, 역사책 2권을 읽었습니다. 모두 몇 권을 읽었나요?

(   )권

2 규칙을 찾아 계산해 보세요.

	2	3	★
5	6	7	
◆		11	12

★ + ◆ = ☐

개념연결

1-1덧셈과 뺄셈	1-2덧셈과 뺄셈(1)	세 수의 덧셈 2	1-2덧셈과 뺄셈(2)
(몇)+(몇)	세 수의 덧셈 1	$6+4+8=\boxed{18}$	(몇)+(몇)
$3+4=\boxed{7}$	$2+4+3=\boxed{9}$		$7+8=\boxed{15}$

배운 것을 기억해 볼까요?

1 $10+6=$

2 $17-3=$

3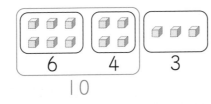

앞의 두 수로 10을 만들어 세 수를 더할 수 있어요.

30초 개념

합이 10이 되는 앞의 두 수를 먼저 더한 다음, 남은 다른 한 수를 더해요. (십)+(몇)이므로 세 수의 덧셈은 십몇이 돼요.

$6+4+3$의 계산

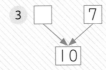

① 합이 10이 되는 앞의 두 수를 먼저 더해요.
② 두 수를 더한 값(10)에 남은 수를 더해요.

이런 방법도 있어요!

더하는 순서를 다르게 하여 계산할 수 있지만
계산 과정이 복잡해질 수 있어요.

$6+4+3=13$

054

개념 익히기

✏️ 계산해 보세요.

① 3+7+2=

합이 10이 되는
두 수를 찾아
먼저 더해요.

10

12

② 6+4+5=

③ 2+8+1=

④ 7+3+6=

⑤ 5+5+4=

⑥ 1+9+5=

⑦ 8+2+7=

⑧ 4+6+8=

⑨ 9+1+6=

⑩ 6+4+3=

⑪ 5+5+5=

계산해 보세요.

① 3+7+4= ☐

② 6+4+1= ☐

③ 2+8+8= ☐

④ 7+3+5= ☐

⑤ 5+5+7= ☐

⑥ 3+7+3= ☐

⑦ 1+9+6= ☐

⑧ 4+6+9= ☐

⑨ 7−3−2= ☐

⑩ 8+2+1= ☐

⑪ 6+4+7= ☐

⑫ 9−1−3= ☐

앞의 두 수가 10이 되는 세 수의 덧셈식을 만들어 계산해 보세요.

1)
| 4 | 7 |
| 6 |

$4 + 6 + 7 =$

2)
| 3 | 6 |
| 4 |

3)
| 7 | 2 |
| 3 |

4)
| 8 | 2 |
| 5 |

5)
| 1 | 9 |
| 7 |

6)
| 5 | 8 |
| 5 |

7)
| 8 | 3 |
| 7 |

8)
| 6 | 1 |
| 9 |

9)
| 9 | 6 |
| 4 |

10)
| 8 | 5 |
| 2 |

개념 키우기

 문제를 해결해 보세요.

1 과자 상자에서 어제는 과자를 4개, 오늘은 과자를 6개 꺼내 먹었더니
과자가 3개 남았습니다. 처음 과자 상자에는 과자가 몇 개 있었나요?

식_____ 답_____개

2 민수는 빨간 색연필 8자루, 파란 색연필 2자루, 검정 색연필 5자루를
가지고 있습니다. 민수가 가지고 있는 색연필은 모두 몇 자루인가요?

식_____ 답_____자루

3 1학년 학생을 조사하였습니다. 물음에 답하세요.

	1반	2반	3반
안경을 낀 학생	6	4	5
휴대 전화를 갖고 있는 학생	3	7	4

(1) 안경을 낀 학생이 가장 많은 반은 몇 반인가요?

(   )반

(2) 안경을 낀 학생은 모두 몇 명인가요?

식_____ 답_____명

(3) 휴대 전화를 갖고 있는 학생은 모두 몇 명인가요?

식_____ 답_____명

개념 다시보기

 ☐ 안에 알맞은 수를 써넣으세요.

① 8+2+6= ☐   ② 2+8+5= ☐   ③ 3+7+4= ☐

④ 6+4+8= ☐   ⑤ 1+9+2= ☐   ⑥ 9+1+7= ☐

⑦ 4+6+6= ☐   ⑧ 5+5+3= ☐   ⑨ 3+7+3= ☐

⑩ 7+3+6= ☐   ⑪ 8+2+2= ☐   ⑫ 5+5+5= ☐

도전해 보세요

① 앞의 두 수로 10을 만들어 계산해
보세요.

(1) 3+ ☐ +9= ☐

(2) 5+ ☐ +2= ☐

② 주사위 눈의 합을 구하세요.

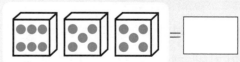 = ☐

뒤의 두 수로

10을 만들어 더하기

개념연결

1-1덧셈과 뺄셈	1-2덧셈과 뺄셈(1)	세 수의 덧셈 2	1-2덧셈과 뺄셈(2)
(몇)+(몇)	세 수의 덧셈 1	5+2+8=15	(몇)+(몇)
5+3=8	1+5+2=8		9+5=14

배운 것을 기억해 볼까요?

1 4+6+7=

2

7+8=

3 (1) 10-6=

(2) 13-3=

뒤의 두 수로 10을 만들어 세 수를 더할 수 있어요.

30초 개념 ▶ 세 수 중 합이 10이 되는 뒤의 두 수를 먼저 더한 다음, 남은 앞의 한 수를 더해요. (십)+(몇)을 이용해요.

5+7+3의 계산

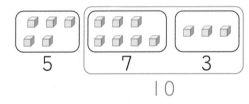

5   7   3
        10

$$5+7+3=15$$
①
10
②
15

① 합이 10이 되는 뒤의 두 수를 먼저 더해요.
② 두 수를 더한 값(10)에 앞의 수를 더해요.

이런 방법도 있어요!

앞의 수부터 차례로 더하는 방법으로 계산할 수 있지만 계산 과정이 더 복잡해질 수 있어요.

$$5+7+3=15$$
①
12
②
15

✏️ 계산해 보세요.

합이 10이 되는
두 수를 찾아
먼저 더해요.

① 4+8+2=

② 7+1+9=

③ 3+4+6=

④ 5+3+7=

⑤ 7+2+8=

⑥ 4+5+5=

⑦ 9+3+7=

⑧ 6+6+4=

⑨ 3+8+2=

⑩ 8+9+1=

⑪ 7+4+6=

계산해 보세요.

① 4+7+3= ☐

② 6+5+5= ☐

③ 7+2+8= ☐

④ 9+4+6= ☐

⑤ 5+6+4= ☐

⑥ 1+1+9= ☐

⑦ 3+9+1= ☐

⑧ 8+5+5= ☐

⑨ 7+8+2= ☐

⑩ 4+8+2= ☐

⑪ 6+3+7= ☐

⑫ 7+9+1= ☐

뒤의 두 수가 10이 되는 세 수의 덧셈식을 만들어 계산해 보세요.

①
5	4
6	

5	+	4	+	6	=	1	5

②
3	7
6	

③
6	2
8	

④
5	1
9	

⑤
5	5
5	

⑥
3	8
2	

⑦
7	6
4	

⑧
9	9
1	

⑨
7	8
3	

⑩
1	2
8	

개념 키우기

 문제를 해결해 보세요.

① 지효는 만화책 6권, 위인전 7권, 동화책 3권을 읽었습니다.
모두 몇 권을 읽었나요?

식＿＿＿＿＿＿＿＿＿＿   답＿＿＿＿＿＿＿권

② 백합 4송이, 튤립 2송이, 장미 8송이가 있습니다.
꽃은 모두 몇 송이인가요?

식＿＿＿＿＿＿＿＿＿＿   답＿＿＿＿＿＿＿송이

③ 합 또는 차가 같은 것끼리 선으로 이어 보세요.

7+8+2 ●	● 10+5
4+4+6 ●	● 16−2
5+3+7 ●	● 12+5
6+2+8 ●	● 10+1+5

개념 다시보기

 계산해 보세요.

1 6+2+8=☐

2 7+5+5=☐

3 6+3+7=☐

4 8+2+8=☐

5 4+8+2=☐

6 6+1+9=☐

7 8+6+4=☐

8 7+7+3=☐

9 5+4+6=☐

10 3+9+1=☐

11 8+5+5=☐

12 3+3+7=☐

도전해 보세요

1 뒤의 두 수로 10을 만들어 계산해
  보세요.

  (1) 6+7+☐=☐

  (2) 7+☐+2=☐

2 계산해 보세요.

  (1) 13-7=☐

  (2) 9+4=☐

뒤에 있는 수를 가르기 하여

10단계 덧셈하기

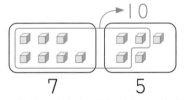

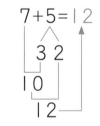

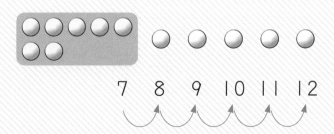

개념연결

1-2덧셈과 뺄셈(1)	1-2덧셈과 뺄셈(1)	(몇)+(몇)=(십몇)	2-1덧셈과 뺄셈
10이 되는 더하기	세 수의 덧셈 2		(몇십몇)+(몇십몇)
$\boxed{4}+6=10$	$6+4+8=\boxed{18}$	$8+7=\boxed{15}$	$37+25=\boxed{62}$

배운 것을 기억해 볼까요?

1
  (1) $\boxed{}+3=10$
  (2) $6+\boxed{}=10$

2
  (1) $3+7+5=$
  (2) $8+2+3=$

뒤에 있는 수를 가르기 하여 덧셈을 할 수 있어요.

30초 개념

(몇)+(몇)은 뒤에 오는 수를 가르기 하여 앞의 두 수의 합이 10이 되는 세 수의 덧셈식을 만들어 계산해요.

7+5의 계산

7에 3을 더하면 10을 만들 수 있어요.

$$7+5=12$$

① $7+$(몇)$=10$이 되는 '몇'을 생각해요.
② 5를 '몇'과 다른 수로 가르기 해요.

이런 방법도 있어요!

$7+5$는 7에 5를 이어 세는 방법으로 구할 수 있어요.

$$7 \quad 8 \quad 9 \quad 10 \quad 11 \quad 12$$

개념 익히기

 계산해 보세요.

① 8+5= ☐

8에 어떤 수를 더해야
10이 되는지 생각해요.

2   3

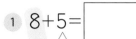
뒤의 수를 가르기 하여
앞의 수를 10이 되게 하고
남은 수를 더해요.

② 9+4= ☐

☐   3

③ 5+6= ☐

☐   1

④ 4+7= ☐

☐ ☐

⑤ 3+9= ☐

☐ ☐

⑥ 6+7= ☐

☐ ☐

⑦ 5+8= ☐

☐ ☐

⑧ 9+5= ☐

☐ ☐

⑨ 7+7= ☐

☐ ☐

⑩ 8+8= ☐

☐ ☐

⑪ 4+9= ☐

☐ ☐

⑫ 6+5= ☐

☐ ☐

⑬ 7+8= ☐

☐ ☐

⑭ 9+6= ☐

☐ ☐

✏️ ☐ 안에 알맞은 수를 써넣으세요.

1) 9
    + 3 < 1
          2

2) 7
    + 6

3) 8
    + 4

4) 6
    + 5

5) 8
    + 6

6) 5
    + 8

7) 8
    + 8

8) 9
    + 2

9) 7
    + 9

10) 2
     + 9

11) 4
     + 8

12) 8
     + 5

13) 9
     + 7

14) 7
     + 5

15) 4
     + 9

월	일	☆☆☆☆☆

✏️ 식을 쓰고 뒤의 수를 가르기 하여 계산해 보세요.

1 3+9
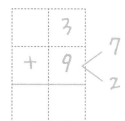

2 7+8

3 5+9

4 6+7

5 5+8

6 8+4

7 6+8

8 5+6

9 9+4

10 8+6

11 9+7

12 7+6

13 8+8

14 6+9

15 5+7

개념 키우기

✏️ 문제를 해결해 보세요.

1 물고기 6마리가 있는 연못에 물고기 7마리를 더 넣었습니다.
  연못 속 물고기는 모두 몇 마리인가요?

  식_____   답_____마리

2 연못에 오리 8마리가 있는데 4마리가 더 날아왔습니다.
  오리는 모두 몇 마리인가요?

  식_____   답_____마리

3 동물원에 있는 동물의 수를 알아보았습니다. 물음에 답하세요.

호랑이	사자	곰	사슴	낙타
			○	
			○	
	○		○	
○	○		○	
○	○		○	○
○	○	○	○	○
○	○	○	○	○
○	○	○	○	○

(1) 가장 수가 적은 동물은
   어떤 동물인가요?

   (   )

(2) 호랑이와 사자는 모두
   몇 마리인가요?

   식_____

   답_____마리

(3) 사슴과 낙타는 모두 몇 마리인가요?

   식_____   답_____마리

개념 다시보기

✏️ ☐ 안에 알맞은 수를 써넣으세요.

① 6+6= ☐

② 7+4= ☐

③ 9+3= ☐

④ 7+8= ☐

⑤ 8+4= ☐

⑥ 5+9= ☐

⑦ 3+8= ☐

⑧ 7+6= ☐

⑨ 8+8= ☐

도전해 보세요

① 빈칸에 알맞은 수를 써넣으세요.

8+5	8+6
9+5	9+6
1 4	

② ☐ 안에 알맞은 수를 써넣으세요.

```
    ☐ ☐
  +   8
  ─────
    2 3
```

앞에 있는 수를 가르기 하여
11단계 덧셈하기

개념연결

1-2덧셈과 뺄셈(1)	1-2덧셈과 뺄셈(1)	(몇)+(몇)=(십몇)	2-1덧셈과 뺄셈
10이 되는 더하기	세 수의 덧셈 2		(몇십몇)+(몇십몇)
4+6=10	5+2+8=15	6+9=15	16+27=43

배운 것을 기억해 볼까요?

1 (1) 9+7=
　(2) 6+8=

2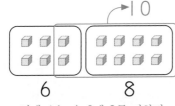

3 (1) 4+6+9=
　(2) 7+2+8=

앞에 있는 수를 가르기 하여 덧셈을 할 수 있어요.

30초 개념

(몇)+(몇)은 앞의 수를 가르기 하여 뒤의 두 수의 합이 10이 되는
세 수의 덧셈식으로 만들어 계산해요.

6+8의 계산

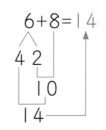

6　　　　8

뒤에 오는 수 8에 2를 더하면
10을 만들 수 있어요.

① 8+(몇)=10이 되는 '몇'을 생각해요.

② 앞의 수 6을 '몇'과 다른 수로 가르기 해요.

이런 방법도 있어요!

6+8은 6에 8을
이어 세는 방법으로
구할 수 있어요.
또 6+8은 8+6과 같아요.

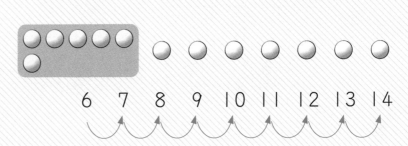

6　7　8　9　10　11　12　13　14

계산해 보세요.

1   $5+8=$ ☐

3 ☐

2   $7+5=$ ☐

2 ☐

3   $5+9=$ ☐

4 ☐

4   $2+9=$ ☐

☐ ☐

5   $5+7=$ ☐

☐ ☐

6   $7+6=$ ☐

☐ ☐

7   $8+5=$ ☐

☐ ☐

8   $6+8=$ ☐

☐ ☐

9   $8+7=$ ☐

☐ ☐

10   $9+6=$ ☐

☐ ☐

11   $3+8=$ ☐

☐ ☐

12   $4+7=$ ☐

☐ ☐

13   $8+4=$ ☐

☐ ☐

14   $6+7=$ ☐

☐ ☐

개념 다지기

계산해 보세요.

1
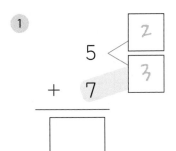
$$5 \begin{array}{c} 2 \\ 3 \end{array}$$
$$+\ 7$$

2
$$8$$
$$+\ 3$$

3
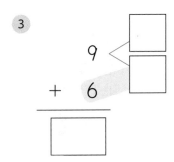
$$9$$
$$+\ 6$$

4
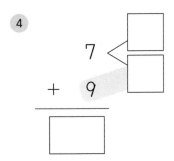
$$7$$
$$+\ 9$$

5
$$7$$
$$+\ 8$$

6
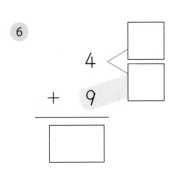
$$4$$
$$+\ 9$$

7
$$8$$
$$+\ 5$$

8
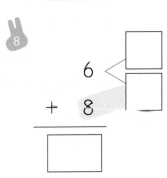
$$6$$
$$+\ 8$$

9
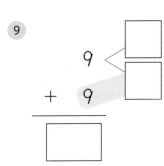
$$9$$
$$+\ 9$$

10
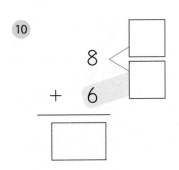
$$8$$
$$+\ 6$$

11
$$4$$
$$+\ 7$$

12
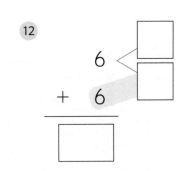
$$6$$
$$+\ 6$$

13
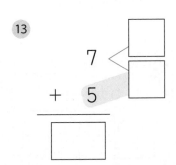
$$7$$
$$+\ 5$$

14
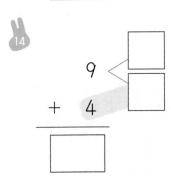
$$9$$
$$+\ 4$$

15
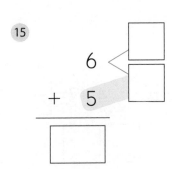
$$6$$
$$+\ 5$$

✏️ 식을 쓰고 앞의 수를 가르기 하여 계산해 보세요.

① 5+8

5 ⟨ 3 / 2

+ 8

② 8+7

③ 6+9

④ 4+8

⑤ 5+9

⑥ 8+3

⑦ 7+9

⑧ 6+7

⑨ 9+8

⑩ 8+8

⑪ 7+6

⑫ 3+8

⑬ 7+8

⑭ 5+7

⑮ 4+9

개념 키우기

✎ 문제를 해결해 보세요.

1 민지는 구슬 7개를 가지고 있었는데 친구가 4개를 더 주었습니다.
민지가 가지고 있는 구슬은 몇 개인가요?

식＿＿＿＿＿＿＿＿＿＿   답＿＿＿＿＿＿＿개

2 썰매장에 주황색 썰매가 8대, 파란색 썰매가 5대 있습니다.
썰매는 모두 몇 대인가요?

식＿＿＿＿＿＿＿＿＿＿   답＿＿＿＿＿＿＿개

3 가게에서 빵을 팔고 있습니다. 물음에 답하세요.

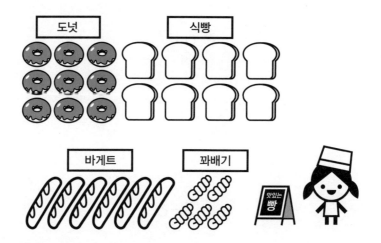

(1) 어느 빵이 가장 많나요?

(   )

(2) 도넛과 꽈배기는 모두 몇 개인가요?

식＿＿＿＿＿＿＿＿＿＿   답＿＿＿＿＿＿＿개

(3) 바게트와 식빵은 모두 몇 개인가요?

식＿＿＿＿＿＿＿＿＿＿   답＿＿＿＿＿＿＿개

월   일   ☆☆☆☆☆

개념 다시보기

✏️ ☐ 안에 알맞은 수를 써넣으세요.

① 8+9= ☐
  ☐ ☐

② 5+7= ☐
  ☐ ☐

③ 8+5= ☐
  ☐ ☐

④ 4+9= ☐
  ☐ ☐

⑤ 7+8= ☐
  ☐ ☐

⑥ 4+8= ☐
  ☐ ☐

⑦ 8+6= ☐
  ☐ ☐

⑧ 9+3= ☐
  ☐ ☐

⑨ 6+9= ☐
  ☐ ☐

도전해 보세요

① 놀이터에 남자 어린이 6명과 여자 어린이 8명이 있었습니다. 잠시 후 남자 어린이 4명이 더 왔습니다. 놀이터에 있는 어린이는 모두 몇 명인가요?

(   )명

② 지혜가 숫자 적힌 공 2개를 꺼내 두 수를 더했더니 16이 되었습니다. 지혜가 꺼낸 공에 적힌 숫자는 무엇인가요?

(   )

뒤에 있는 수를 가르기 하여
12단계 뺄셈하기

개념연결

1-2덧셈과 뺄셈(1)	1-2덧셈과 뺄셈(1)		2-1덧셈과 뺄셈
세 수의 뺄셈	10에서 빼기	(십몇)-(몇)=(몇)	(몇십몇)-(몇십몇)
9-1-3=⑤	10-3=⑦	16-9=⑦	56-38=18

배운 것을 기억해 볼까요?

1 (1) 10-3=
  (2) 10-6=

2 (1) 8-1-5=
  (2) 9-2-3=

뒤에 있는 수를 가르기 하여 뺄셈을 할 수 있어요.

30초 개념 (십몇)-(몇)에서 뒤에 오는 수를 십몇의 몇과 다른 수로
가르기 한 다음, 10-(몇)을 이용하여 계산해요.

13-5의 계산

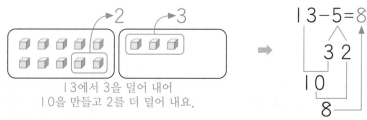

13에서 3을 덜어 내어
10을 만들고 2를 더 덜어 내요.

① 13-(몇)=10이 되는 '몇'을 생각해요.
② 5를 '몇'과 다른 수로 가르기 해요.
③ 13에서 가르기 한 수를 모두 빼요.

이런 방법도 있어요!

13-5는 13에서 5만큼 거꾸로 세는 방법으로 구할 수 있어요.

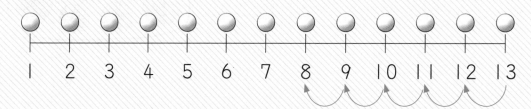

□ 안에 알맞은 수를 써넣으세요.

① 12−5=□

빼지는 수 12에서
어떤 수를 빼야 10이 되는지
생각해요.

2 3

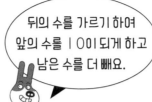
뒤의 수를 가르기 하여
앞의 수를 10이 되게 하고
남은 수를 더 빼요.

② 15−7=□

③ 13−4=□

④ 16−9=□

⑤ 11−3=□

⑥ 14−9=□

⑦ 15−8=□

⑧ 11−2=□

⑨ 12−7=□

⑩ 14−6=□

⑪ 12−8=□

⑫ 15−7=□

⑬ 14−9=□

⑭ 13−6=□

□ 안에 알맞은 수를 써넣으세요.

1
$$1\ 2$$
$$-\quad\ 3$$

2
$$1\ 3$$
$$-\quad\ 5$$

3
$$1\ 1$$
$$-\quad\ 4$$

4
$$1\ 7$$
$$-\quad\ 8$$

5
$$1\ 4$$
$$-\quad\ 9$$

6
$$1\ 3$$
$$-\quad\ 7$$

7
$$1\ 5$$
$$-\quad\ 9$$

8
$$1\ 7$$
$$-\quad\ 9$$

9
$$1\ 5$$
$$-\quad\ 6$$

10
$$1\ 2$$
$$-\quad\ 8$$

11
$$1\ 4$$
$$-\quad\ 7$$

12
$$1\ 2$$
$$-\quad\ 4$$

13
$$1\ 5$$
$$-\quad\ 8$$

14
$$1\ 1$$
$$-\quad\ 6$$

15
$$1\ 6$$
$$-\quad\ 9$$

식을 쓰고 뒤의 수를 가르기 하여 계산해 보세요.

1 13-7

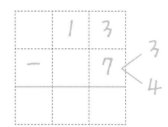

2 11-5

3 16-9

4 14-6

5 12-8

6 12-5

7 11-2

8 13-9

9 15-7

10 15+3

11 12-7

12 13-5

13 18-9

14 14+3

15 16-7

개념 키우기

✏️ 문제를 해결해 보세요.

1 팽이가 14개 있었는데 친구에게 5개를 빌려주었습니다.
   남은 팽이는 몇 개인가요?

   식_____ 답_____개

2 색종이를 현수는 16장 가지고 있고, 도일이는 9장 가지고 있습니다.
   현수는 도일이보다 색종이를 몇 장 더 많이 가지고 있나요?

   식_____ 답_____장

3 공을 던져 점수를 얻는 놀이를 하였습니다. 물음에 답하세요.

	1회	2회	점수
도영	6	7	
지혜	7		15
민수		5	12

(1) 놀이에서 1등을 한 사람은 누구인가요?

                              (   )

(2) 지혜는 2회에서 몇 점을 얻었나요?

   식_____ 답_____점

(3) 민수는 1회에서 몇 점을 얻었나요?

   식_____ 답_____점

개념 다시보기

✏️ ☐ 안에 알맞은 수를 써넣으세요.

1 12-4=☐

2 15-6=☐

3 11-3=☐

4 14-7=☐

5 12-9=☐

6 15-8=☐

7 12-8=☐

8 11-6=☐

9 15-7=☐

도전해 보세요

1 빈칸에 알맞은 수를 써넣으세요.

13-6	13-7
14-6	14-7
	7

2 주머니에 구슬이 17개 있습니다. 이 주머니에서 지혜는 3개, 슬기는 6개의 구슬을 꺼냈습니다. 주머니에 남아 있는 구슬은 몇 개인가요?

(   )개

앞에 있는 수를 가르기 하여
13단계 뺄셈하기

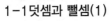 개념연결

1-1덧셈과 뺄셈(1)	1-2덧셈과 뺄셈(1)	(십몇)-(몇)=(몇)	2-1덧셈과 뺄셈(1)
십몇 가르기	10에서 빼기		(몇십몇)-(몇십몇)

1-1덧셈과 뺄셈(1) 십몇 가르기

$$\begin{array}{c} 1\,3 \\ \diagup\ \diagdown \\ 5 \quad 8 \end{array}$$

1-2덧셈과 뺄셈(1) 10에서 빼기

$$10-3=\boxed{7}$$

(십몇)-(몇)=(몇)

$$1\,3-7=\boxed{6}$$

2-1덧셈과 뺄셈(1) (몇십몇)-(몇십몇)

$$62-47=\boxed{15}$$

배운 것을 기억해 볼까요?

1 (1) $10-2=$　　(2) $10-7=$　　2 (1) $12-4=$　　(2) $15-9=$

앞에 있는 수를 가르기 하여 뺄셈을 할 수 있어요.

30초 개념

(십몇)-(몇)에서 앞에 있는 수를 십과 몇으로 가르기 한 후,
10에서 뒤에 있는 몇을 뺀 다음 가르기 하고 남은 수를 더해요.

13-7의 계산

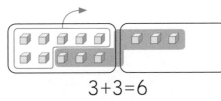

$$3+3=6$$

13을 10과 3으로 가르고
10에서 7을 빼요.

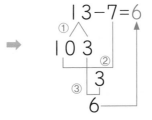

① 13을 10과 3으로 가르기 해요.

② 10에서 7을 빼요.

③ ②에서 계산한 값에 3을 더해요.

이런 방법도 있어요!

13-7을 13에서 7을 거꾸로 세는 방법으로 구할 수 있어요.

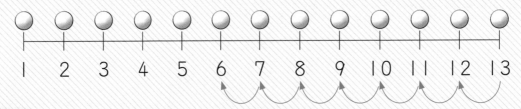

개념 익히기

✏️ 계산해 보세요.

① $12-7=\boxed{}$
　　$\boxed{10}\ \boxed{2}$

말풍선: 빼지는 수를 10과 몇으로 가르기 해요.

말풍선: 10에서 뒤의 수를 뺀 수와 남은 수를 더해요.

② $13-5=\boxed{}$
　　$\boxed{10}\ \boxed{}$

③ $11-6=\boxed{}$

④ $13-4=\boxed{}$

⑤ $15-7=\boxed{}$

⑥ $12-8=\boxed{}$

⑦ $11-9=\boxed{}$

⑧ $16-8=\boxed{}$

⑨ $12-7=\boxed{}$

⑩ $13-9=\boxed{}$

⑪ $15-7=\boxed{}$

⑫ $14-8=\boxed{}$

⑬ $13-7=\boxed{}$

⑭ $14-6=\boxed{}$

개념 다지기

✏️ ☐ 안에 알맞은 수를 써넣으세요.

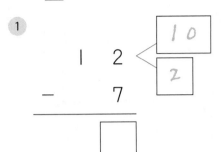

①

```
    1  2  ◁ 10
  -    7      2
  ┌──────┐
  │      │
  └──────┘
```

②

```
    1  1  ◁ 10
  -    8      ☐
  ┌──────┐
  │      │
  └──────┘
```

③

```
    1  5  ◁ ☐
  -    6      ☐
  ┌──────┐
  │      │
  └──────┘
```

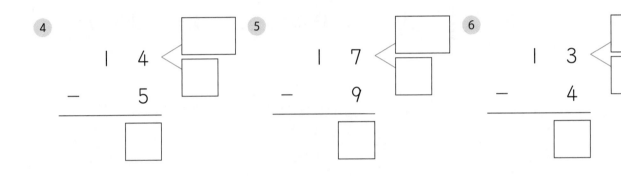

④

```
    1  4  ◁ ☐
  -    5      ☐
  ┌──────┐
  │      │
  └──────┘
```

⑤

```
    1  7  ◁ ☐
  -    9      ☐
  ┌──────┐
  │      │
  └──────┘
```

⑥

```
    1  3  ◁ ☐
  -    4      ☐
  ┌──────┐
  │      │
  └──────┘
```

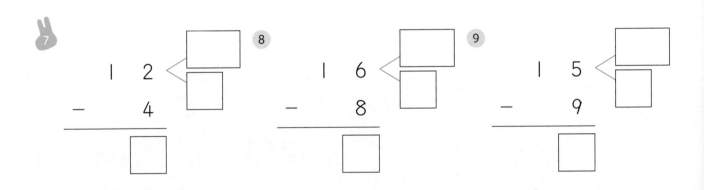

⑦

```
    1  2  ◁ ☐
  -    4      ☐
  ┌──────┐
  │      │
  └──────┘
```

⑧

```
    1  6  ◁ ☐
  -    8      ☐
  ┌──────┐
  │      │
  └──────┘
```

⑨

```
    1  5  ◁ ☐
  -    9      ☐
  ┌──────┐
  │      │
  └──────┘
```

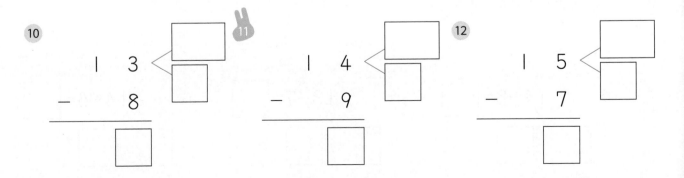

⑩

```
    1  3  ◁ ☐
  -    8      ☐
  ┌──────┐
  │      │
  └──────┘
```

⑪

```
    1  4  ◁ ☐
  -    9      ☐
  ┌──────┐
  │      │
  └──────┘
```

⑫

```
    1  5  ◁ ☐
  -    7      ☐
  ┌──────┐
  │      │
  └──────┘
```

✏️ 식을 쓰고 앞의 수를 가르기 하여 계산해 보세요.

① 11−6

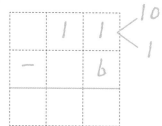

② 13−9

③ 14−5

④ 14−7

⑤ 15−8

⑥ 27−14

⑦ 17−9

⑧ 13+6

⑨ 16−7

⑩ 12−7

⑪ 13−5

⑫ 11−3

⑬ 17−8

⑭ 12−9

⑮ 15−6

개념 키우기

 물음에 답하세요.

① 귤 14개 중 5개를 먹었습니다. 남은 귤은 몇 개인가요?

식_____   답_____개

② 준기는 딱지를 12장 갖고 있었는데 알뜰 장터에서 딱지를 8장 팔았습니다.
   준기가 갖고 있는 딱지는 모두 몇 장인가요?

식_____   답_____장

③ 학교 알뜰 장터에서 물건을 팔고 있습니다. 지혜와 민지가 알뜰상품권으로 물건을 사려고
   합니다. 물음에 답하세요.

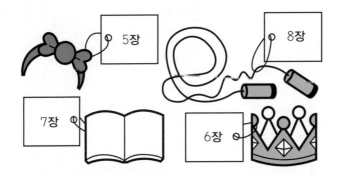

5장   8장   7장   6장

(1) 지혜는 알뜰상품권 13장을 갖고 있습니다. 책을 사면 알뜰상품권이 몇 장
    남나요?

식_____   답_____장

(2) 민지는 알뜰상품권 15장을 갖고 있습니다. 줄넘기를 사면 알뜰상품권이 몇
    장 남나요?

식_____   답_____장

개념 다시보기

✎ ☐ 안에 알맞은 수를 써넣으세요.

1   14−8= ☐
    ┌─────┬─────┐
    │ 1 0 │   │
    └─────┴─────┘

2   11−6= ☐
    ┌─────┬─────┐
    │   │   │
    └─────┴─────┘

3   17−9= ☐
    ┌─────┬─────┐
    │   │   │
    └─────┴─────┘

4   12−8= ☐
    ┌─────┬─────┐
    │   │   │
    └─────┴─────┘

5   13−6= ☐
    ┌─────┬─────┐
    │   │   │
    └─────┴─────┘

6   15−8= ☐
    ┌─────┬─────┐
    │   │   │
    └─────┴─────┘

7   11−3= ☐
    ┌─────┬─────┐
    │   │   │
    └─────┴─────┘

8   16−7= ☐
    ┌─────┬─────┐
    │   │   │
    └─────┴─────┘

9   12−9= ☐
    ┌─────┬─────┐
    │   │   │
    └─────┴─────┘

도전해 보세요

1 카드에 적힌 두 수의 차가 큰 사람이 이기는 놀이를 하였습니다. 혜진이는 13 과 6 을 골랐고, 상준이는 11 과 5 를 골랐습니다. 누가 이겼을까요?

(   )

2 원숭이 15마리가 나무에서 놀고 있었습니다. 원숭이 몇 마리가 더 와서 모두 23마리가 되었습니다. 원숭이 몇 마리가 더 왔나요?

(   )마리

14단계 (몇십몇)+(몇)

개념연결

1-1덧셈과 뺄셈		1-2덧셈과 뺄셈(3)	1-2덧셈과 뺄셈(3)
(몇)+(몇)	(몇십몇)+(몇)	(몇십)+(몇십)	(몇십몇)+(몇십몇)
3+5=8	15+3=18	20+30=50	24+45=69

배운 것을 기억해 볼까요?

1 (1) 3+4=
  (2) 5+1=

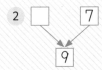

(몇십몇)+(몇)을 할 수 있어요.

30초 개념 덧셈은 같은 자리의 수끼리 더해서 계산해요. 더하는 두 수의 일의 자리 수끼리 더하여 일의 자리 값을 구하지요.
수 모형을 살펴보면 이해가 쉬워요.

32+3의 계산

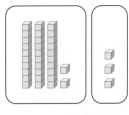

$$\begin{array}{r} 3\ 2 \\ +\quad 3 \\ \hline \end{array}$$

수 모형 32와 3이 있어요.

① 일의 자리 계산

$$\begin{array}{r} 3\ |\ 2 \\ +\ \ |\ 3 \\ \hline |\ 5 \end{array}$$

일의 자리 수끼리
더해서 내려 써요.
2+3=5

② 십의 자리 계산

$$\begin{array}{r} 3\ |\ 2 \\ +\ \downarrow\ |\ 3 \\ \hline 3\ |\ 5 \end{array}$$

십의 자리 수는
그대로 내려 써요.

이런 방법도 있어요!

32+3은 3+32와 계산 결과가 같아요.
3+32를 계산할 때 일의 자리 수는
일의 자리 수와 더해야 해요.

$$\begin{array}{r} 3 \\ +\ 3\ |\ 2 \\ \hline 6\ |\ 2 \end{array}$$
(×)

$$\begin{array}{r} 3 \\ +\ 3\ |\ 2 \\ \hline 3\ |\ 5 \end{array}$$
(○)

✏ 계산해 보세요.

각 자리끼리 더한 수를
바로 아래로 내려 써요.

일의 자리, 십의 자리
순서로 계산해요.

1
```
    1  5
+      3
    1  8
```

2
```
    2  1
+      4
```

3
```
    1  2
+      6
```

4
```
    5  0
+      2
```

5
```
    3  4
+      5
```

6
```
    4  0
+      8
```

7
```
    2  4
+      2
```

8
```
    6  6
+      3
```

9
```
    4  5
+      1
```

10
```
    8  3
+      5
```

11
```
    2  0
+      6
```

12
```
       7
+   4  0
```

13
```
       1
+   3  6
```

14
```
    5  2
+      5
```

개념 다지기

계산해 보세요.

1
```
    5 0
 +    4
 ──────
```

2
```
    3 2
 +    6
 ──────
```

3
```
    4 5
 +    1
 ──────
```

4
```
    2 1
 +    3
 ──────
```

5
```
    1 3
 +    4
 ──────
```

6
```
    6 4
 +    4
 ──────
```

7
```
    3 0
 +    5
 ──────
```

8
```
      8
 +  5 0
 ──────
```

9
```
      3
 +  4 2
 ──────
```

10
```
    1 1
 +    4
 ──────
```

11
```
      6
 +  2 0
 ──────
```

12
```
    3 2
 +    2
 ──────
```

13
```
    6 2
 +    5
 ──────
```

14
```
    3 6
 +    3
 ──────
```

15
```
    2 3
 +    4
 ──────
```

세로로 식을 써서 계산해 보세요.

1 23+5

	2	3
+		5

2 12+3

3 50+9

4 20+4

5 52+1

6 6+21

7 31+4

8 26+3

9 5+60

10 38+1

11 42+3

12 30+2

13 7+80

14 16+2

15 3+40

개념 키우기

 문제를 해결해 보세요.

① 도일이는 구슬을 30개 가지고 있고, 나는 7개 가지고 있습니다.
구슬은 모두 몇 개인가요?

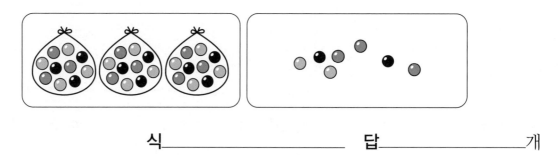

식_____ 답_____개

② 우리 반 학생은 20명입니다. 오늘 학생 3명이 전학을 왔다면
우리 반 학생은 모두 몇 명인가요?

식_____ 답_____명

③ 합이 같은 것끼리 선으로 이어 보세요.

| 6+23 | • | • | 1+34 |

| 15+3 | • | • | 27+2 |

| 30+5 | • | • | 11+7 |

| 7+31 | • | • | 30+8 |

개념 다시보기

 계산해 보세요.

1
	4	3
+		2

2
	1	1
+		5

3
	2	5
+		2

4
	3	2
+		2

5
	4	6
+		1

6
	5	6
+		3

7
		3
+	4	5

8
		4
+	5	3

9
	3	4
+		3

10
	1	3
+		5

11
	3	5
+		3

12
	2	3
+		4

도전해 보세요

1 계산해 보세요.

(1) 1+9+4= ☐

(2) 8+6+2= ☐

2 빈칸에 알맞은 수를 써넣으세요.

+	30	40
7		

15단계 (몇십)+(몇십)

개념연결

1-1덧셈과 뺄셈		1-2덧셈과 뺄셈(3)	2-1덧셈과 뺄셈
(몇)+(몇)	(몇십)+(몇십)	(몇십몇)+(몇십몇)	(두 자리 수)+(두 자리 수)
5+4=9	20+30=50	51+38=89	35+28=63

배운 것을 기억해 볼까요?

1. 13 6 □

2.
```
    4
 + 1 2
```

3. (1) 24+3=
   (2) 5+12=

(몇십)+(몇십)을 할 수 있어요.

30초 개념

덧셈은 같은 자리의 수끼리 더해서 계산해요.
일의 자리 수는 일의 자리 수와 더하고 십의 자리 수는
십의 자리 수와 더하지요.

20+30의 계산

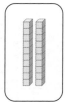

```
  2 0
+ 3 0
```

수 모형 20과 30이 있어요.

➡

① 일의 자리 계산
```
  2 | 0
+ 3 | 0
------
    | 0
```
일의 자리 수끼리
더해서 내려 써요.
0+0=0

② 십의 자리 계산
```
  2 | 0
+ 3 | 0
------
  5 | 0
```
십의 자리 수끼리
더해서 내려 써요.
2+3=5

이런 방법도 있어요!

십의 자리부터 먼저 계산해도
계산 결과는 같아요.

```
  2 | 0
+ 3 | 0
------
  5 |
```
➡
```
  2 | 0
+ 3 | 0
------
  5 | 0
```

십의 자리 계산   일의 자리 계산

개념 익히기

계산해 보세요.

1

일의 자리, 십의 자리 순서로 계산해요.

```
    3  0
+   4  0
─────────
       0
```

일의 자리 계산은 0+0=0이므로 그대로 내려 쓰면 돼요.

2

```
    2  0
+   1  0
─────────
```

3

```
    5  0
+   3  0
─────────
```

4

```
    1  0
+   4  0
─────────
```

5

```
    6  0
+   2  0
─────────
```

6

```
    5  0
+   4  0
─────────
```

7

```
    7  0
+   1  0
─────────
```

8

```
    4  0
+   4  0
─────────
```

9

```
    2  0
+   6  0
─────────
```

10

```
    3  0
+   3  0
─────────
```

11

```
    5  0
+   1  0
─────────
```

12

```
    4  0
+   2  0
─────────
```

13

```
    1  0
+   1  0
─────────
```

14

```
    2  0
+   7  0
─────────
```

계산해 보세요.

1
```
    2 0
+   1 0
─────────
```

2
```
    4 0
+   2 0
─────────
```

3
```
    3 0
+   3 0
─────────
```

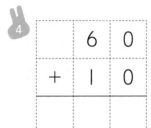

4
```
    6 0
+   1 0
─────────
```

5
```
    1 0
+   5 0
─────────
```

6
```
      4
+   3 2
─────────
```

7
```
    5 0
+   1 0
─────────
```

8
```
    2 0
+   2 0
─────────
```

9
```
    1 0
+   8 0
─────────
```

10
```
    2 0
+   6 0
─────────
```

11
```
    7 0
+   1 0
─────────
```

12
```
    3 3
+     3
─────────
```

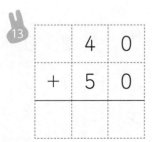

13
```
    4 0
+   5 0
─────────
```

14
```
    3 0
+   5 0
─────────
```

15
```
    2 0
+   7 0
─────────
```

(몇십)+(몇십)

월 일 ☆☆☆☆☆

✏️ 세로로 식을 써서 계산해 보세요.

1 20+20

```
    2 0
+   2 0
```

2 40+30

3 30+60

4 50+10

5 70+4

6 37+2

7 20+40

8 40+20

9 10+80

10 60+30

11 30+40

12 10+50

13 70+10

14 30+30

15 40+50

개념 키우기

✏️ 문제를 해결해 보세요.

1. 20개들이 달걀 한 판과 30개들이 달걀 한 판을 샀습니다. 달걀을 모두 몇 개 샀나요?

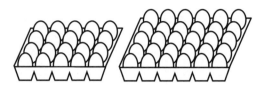

식_____ 답_____개

2. 민아는 동화책을 40쪽 읽고, 위인전을 20쪽 읽었습니다. 민아는 책을 모두 몇 쪽 읽었나요?

식_____ 답_____쪽

3. 합이 큰 순서대로 글자를 써 보세요.

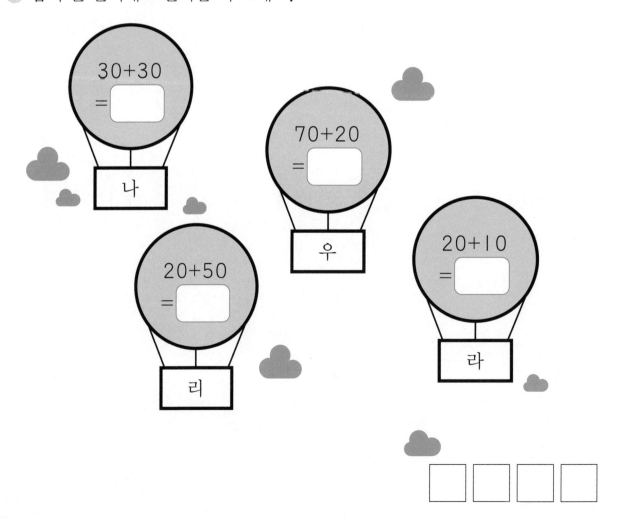

30+30 = ☐ 나

70+20 = ☐ 우

20+50 = ☐ 리

20+10 = ☐ 라

☐ ☐ ☐ ☐

계산해 보세요.

①
```
    3  0
+   3  0
```

②
```
    2  0
+   1  0
```

③
```
    1  0
+   5  0
```

④
```
    6  0
+   2  0
```

⑤
```
    4  0
+   3  0
```

⑥
```
    1  0
+   1  0
```

⑦
```
    2  0
+   2  0
```

⑧
```
    5  0
+   2  0
```

⑨
```
    3  0
+   4  0
```

⑩
```
    7  0
+   2  0
```

⑪
```
    4  0
+   5  0
```

⑫
```
    2  0
+   4  0
```

도전해 보세요

① 두 수를 골라 합이 70이 되는 덧셈식을 써 보세요.

[10] [20] [30] [40]

[   ] + [   ] = 70

② 계산해 보세요.

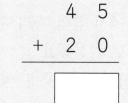
```
    4  5
+   2  0
```
[   ]

개념연결

1-1덧셈과 뺄셈		2-1덧셈과 뺄셈	2-1덧셈과 뺄셈
(몇)+(몇) $6+2=\boxed{8}$	(몇십몇)+(몇십몇) $26+31=\boxed{57}$	(두 자리 수)+(두 자리 수) $52+19=\boxed{71}$	(두 자리 수)+(두 자리 수) $72+43=\boxed{115}$

배운 것을 기억해 볼까요?

1 $\boxed{24}$ $\boxed{3}$

⬇

$\boxed{}$

2
```
   3 0
+  5 0
───────
```

3 (1) $40+7=$

   (2) $10+60=$

(몇십몇)+(몇십몇)을 할 수 있어요.

30초 개념

덧셈은 같은 자리의 수끼리 더해서 계산해요.
일의 자리수는 일의 자리 수와 더하고 십의 자리 수는
십의 자리 수와 더하지요.

31+26의 계산

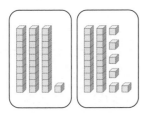

```
   3 1
+  2 6
```
⇒

① 일의 자리 계산
```
   3 1
+  2 6
─────
     7
```

② 십의 자리 계산
```
   3 1
+  2 6
─────
   5 7
```

수 모형 31과 26이 있어요.

일의 자리 수끼리
더해서 내려 써요.
1+6=7

십의 자리 수끼리
더해서 내려 써요.
3+2=5

이런 방법도 있어요!

31+26에서 십의 자리 수끼리 더할 때
3+2=5로 계산해요.
하지만 실제 십의 자리 수의 합은
30+20이므로 50과 같아요.

```
   3 1
+  2 6
─────
   5 0   ←30+20
     7   ←1+6
─────
   5 7
```

✏️ 계산해 보세요.

1

말풍선: 일의 자리, 십의 자리 순서로 계산해요.

```
    3  4
+   1  2
------------
       6
```

말풍선: 각 자리끼리 더한 수를 바로 아래로 내려 써요.

2

```
    2  1
+   4  3
------------
```

3

```
    2  3
+   1  4
------------
```

4

```
    3  1
+   2  7
------------
```

5

```
    5  3
+   4  1
------------
```

6

```
    6  2
+   2  4
------------
```

7

```
    1  5
+   3  2
------------
```

8

```
    1  4
+   2  4
------------
```

9

```
    3  6
+   3  2
------------
```

10

```
    2  5
+   2  3
------------
```

11

```
    4  1
+   2  2
------------
```

12

```
    1  3
+   2  3
------------
```

13

```
    1  8
+   3  1
------------
```

14

```
    4  3
+   3  3
------------
```

계산해 보세요.

1
```
    2 3
+ 1 6
-------
```

2
```
    3 5
+ 1 3
-------
```

3
```
    6 1
+ 2 4
-------
```

4
```
    5 4
+ 2 1
-------
```

5
```
    4 2
+ 5 2
-------
```

6
```
      6
+ 4 1
-------
```

7
```
    3 1
+ 3 7
-------
```

8
```
    6 3
+ 2 5
-------
```

9
```
    5 2
+ 3 7
-------
```

10
```
      6
+ 7 0
-------
```

11
```
    5 3
+ 3 5
-------
```

12
```
    2 8
+ 1 1
-------
```

13
```
    3 3
+ 4 4
-------
```

14
```
    7 2
+ 1 2
-------
```

15
```
    3 8
+ 4 1
-------
```

세로로 식을 써서 계산해 보세요.

① 28+31

```
      2  8
   +  3  1
```

② 52+16

③ 43+25

④ 11+22

⑤ 33+44

⑥ 36+51

⑦ 6+50

⑧ 31+61

⑨ 50+8

⑩ 32+23

⑪ 42+52

⑫ 63+14

⑬ 82+16

⑭ 32+35

⑮ 43+34

개념 키우기

✎ 문제를 해결해 보세요.

1 동물원에 긴팔원숭이가 24마리, 개코원숭이가 13마리 있습니다.
   동물원에는 원숭이가 모두 몇 마리 있나요?

   식_____   답_____마리

2 도영이는 밤을 35개 주웠고, 진수는 도영이보다 밤을 23개 더 주웠습니다.
   진수는 밤을 몇 개 주웠나요?

   식_____   답_____개

3 높은 건물이 있습니다. 그림을 보고 물음에 답하세요.

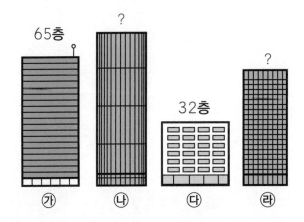

   (1) ㉯ 건물은 ㉮ 건물보다 12층 더 높다고 합니다. ㉯ 건물은 몇 층인가요?

      식_____   답_____층

   (2) ㉱ 건물은 ㉰ 건물보다 26층 더 높습니다. ㉱ 건물은 몇 층인가요?

      식_____   답_____층

개념 다시보기

계산해 보세요.

1)
```
    5 3
+   2 3
───────
```

2)
```
    2 1
+   1 2
───────
```

3)
```
    3 6
+   4 3
───────
```

4)
```
    4 2
+   3 1
───────
```

5)
```
    1 7
+   5 2
───────
```

6)
```
    4 3
+   2 5
───────
```

7)
```
    3 6
+   4 2
───────
```

8)
```
    6 2
+   1 4
───────
```

9)
```
    5 4
+   1 5
───────
```

10)
```
    3 1
+   3 1
───────
```

11)
```
    2 6
+   2 3
───────
```

12)
```
    2 3
+   4 1
───────
```

도전해 보세요

1) 지호네 학교 합창단은 모두 몇 명 인지 알아보려고 합니다. 알맞은 식을 쓰고 계산해 보세요.

남학생이 15명, 여학생이 13명이야.

☐ + ☐ = ☐ (명)

2) 가장 큰 수와 두 번째로 큰 수의 합 은 얼마인가요?

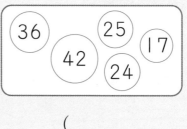

36   25   42   24   17

(   )

17단계 (몇십몇)-(몇)

개념연결

1-1덧셈과 뺄셈		1-2덧셈과 뺄셈(3)	2-1덧셈과 뺄셈
(몇)-(몇)	(몇십몇)-(몇)	(몇십몇)-(몇십몇)	(두 자리 수)-(두 자리 수)
5-3=2	17-2=15	75-21=54	54-29=25

배운 것을 기억해 볼까요?

1 (1) 7-5=

  (2) 6-1=

2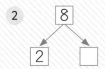

3

(몇십몇)-(몇)을 할 수 있어요.

30초 개념 뺄셈은 같은 자리의 수끼리 빼서 계산해요. 수 모형을 이용하여 뺄셈을 할 때는 주어진 수에서 빼는 수를 덜어 내면 돼요.

37-2의 계산

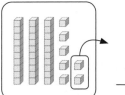

37에서 2를 덜어 내요.

$$
\begin{array}{r}
3\ 7 \\
-\quad 2 \\
\hline
\end{array}
$$

① 일의 자리 계산

$$
\begin{array}{r}
3 \,|\, 7 \\
-\quad\ |\, 2 \\
\hline
|\, 5
\end{array}
$$

일의 자리 수끼리
빼서 내려 써요.
7-2=5

② 십의 자리 계산

$$
\begin{array}{r}
3 \,|\, 7 \\
-\ \downarrow |\, 2 \\
\hline
3 \,|\, 5
\end{array}
$$

십의 자리 수는
그대로 내려 써요.

이런 방법도 있어요!

37-2를 세로셈으로 계산할 때
자리를 맞추어 써야 해요.

$$
\begin{array}{r}
3\ |\ 7 \\
-\ 2\ |\ \ \\
\hline
|\ 7
\end{array}
$$
(×)

$$
\begin{array}{r}
3\ |\ 7 \\
-\ \ \ |\ 2 \\
\hline
3\ |\ 5
\end{array}
$$
(○)

개념 익히기

 계산해 보세요.

1
```
    3  6
 -     4
       2
```

일의 자리, 십의 자리 순서로 계산해요.

십의 자리는 빼는 수가 없으므로 그대로 내려 쓰면 돼요.

2
```
    1  7
 -     2
```

3
```
    3  2
 -     1
```

4
```
    6  5
 -     3
```

5
```
    2  8
 -     3
```

6
```
    7  5
 -     4
```

7
```
    5  8
 -     2
```

8
```
    3  7
 -     6
```

9
```
    4  5
 -     5
```

10
```
    6  7
 -     3
```

11
```
    8  9
 -     2
```

12
```
    3  4
 -     2
```

13
```
    5  0
 -     0
```

14
```
    7  6
 -     5
```

계산해 보세요.

1

```
    5  2
-      1
────────────
```

2

```
    2  8
-      6
────────────
```

3

```
    3  5
-      4
────────────
```

4

```
    2  7
-      3
────────────
```

5

```
    3  4
-      2
────────────
```

6

```
    5  9
-      3
────────────
```

7

```
    6  8
-      7
────────────
```

8

```
    2  3
+   1  5
────────────
```

9

```
    7  6
-      6
────────────
```

10

```
    8  9
-      2
────────────
```

11

```
    5  7
-      3
────────────
```

12

```
    4  9
-      6
────────────
```

13

```
    8  2
+      5
────────────
```

14

```
    7  7
-      2
────────────
```

15

```
    6  4
-      3
────────────
```

| 월 | 일 | ☆☆☆☆☆ |

세로로 식을 써서 계산해 보세요.

① 15-3

```
    1  5
 -     3
```

② 28-2

③ 49-2

④ 55-3

⑤ 36-5

⑥ 21-1

⑦ 58-6

⑧ 37-2

⑨ 15+12

⑩ 63-2

⑪ 59-4

⑫ 28-5

⑬ 6+12

⑭ 20+60

⑮ 78-3

✎ 문제를 해결해 보세요.

① 민지는 구슬을 37개 가지고 있습니다. 구슬 5개를 찬수에게 주면
남는 구슬은 몇 개인가요?

식_____ 답_____개

② 딱지를 현우는 4장, 준기는 37장 가지고 있습니다.
누가 몇 장 더 많이 가지고 있나요?

식_____ 답_____, _____장

③ 합 또는 차가 같은 것끼리 선으로 이어 보세요.

| 18+7 | • | • | 17+5 |

| 37−5 | • | • | 29−4 |

| 28−6 | • | • | 28−7 |

| 17+4 | • | • | 17+15 |

112

개념 다시보기

 계산해 보세요.

1.
```
    6 5
 -    2
```

2.
```
    2 7
 -    4
```

3.
```
    1 6
 -    3
```

4.
```
    4 5
 -    2
```

5.
```
    5 7
 -    1
```

6.
```
    1 8
 -    6
```

7.
```
    5 6
 -    3
```

8.
```
    8 9
 -    2
```

9.
```
    4 7
 -    2
```

10.
```
    3 6
 -    5
```

11.
```
    6 8
 -    7
```

12.
```
    9 9
 -    9
```

도전해 보세요

1 가장 큰 수와 가장 작은 수의 차는 얼마인가요?

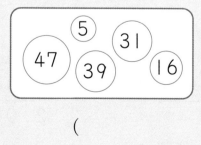

(   )

2 계산해 보세요.

(1) $50-20=$ ☐

(2) $85-33=$ ☐

개념연결

1-1덧셈과 뺄셈		1-2덧셈과 뺄셈(3)	2-1덧셈과 뺄셈
(몇)-(몇)	(몇십)-(몇십)	(몇십몇)-(몇십몇)	(두 자리 수)-(두 자리 수)
$9-2=\boxed{7}$	$40-10=\boxed{30}$	$54-12=\boxed{42}$	$42-15=\boxed{27}$

배운 것을 기억해 볼까요?

1
$$\boxed{} \quad \boxed{3}$$
$$\downarrow$$
$$\boxed{10}$$

2
$$\begin{array}{r} 2\ 7 \\ -\quad\ 4 \\ \hline \end{array}$$

3 (1) $20+30=$
(2) $40+10=$

(몇십)-(몇십)을 할 수 있어요.

30초 개념

뺄셈은 같은 자리의 수끼리 빼서 계산해요.
(몇십)-(몇십)에서는 일의 자리 수가 0이므로 일의 자리에
0을 쓰고 십의 자리 수끼리 빼요.

60-40의 계산

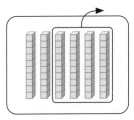

60에서 40을 덜어 내요.

$$\begin{array}{r} 6\ 0 \\ -\ 4\ 0 \\ \hline \end{array}$$

➡

① 일의 자리 계산
$$\begin{array}{r} 6\ 0 \\ -\ 4\ 0 \\ \hline 0 \end{array}$$

일의 자리 수끼리
빼서 내려 써요.
$0-0=0$

② 십의 자리 계산
$$\begin{array}{r} 6\ 0 \\ -\ 4\ 0 \\ \hline 2\ 0 \end{array}$$

십의 자리 수끼리
빼서 내려 써요.
$6-4=2$

이런 방법도 있어요!

십의 자리부터 먼저 계산해도
계산 결과는 같아요.

$$\begin{array}{r} 6\ 0 \\ -\ 4\ 0 \\ \hline 2 \end{array}$$

십의 자리 계산

➡

$$\begin{array}{r} 6\ 0 \\ -\ 4\ 0 \\ \hline 2\ 0 \end{array}$$

일의 자리 계산

개념 익히기

🖊 계산해 보세요.

일의 자리, 십의 자리 순서로 계산해요.

1

	6	0
−	4	0
		0

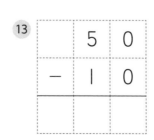
일의 자리 계산은 0−0=0이므로 그대로 내려 쓰면 돼요.

2

	5	0
−	2	0

3

	7	0
−	1	0

4

	6	0
−	3	0

5

	8	0
−	7	0

6

	5	0
−	3	0

7

	6	0
−	5	0

8

	9	0
−	4	0

9

	9	0
−	3	0

10

	7	0
−	5	0

11

	3	0
−	3	0

12

	7	0
−	6	0

13

	5	0
−	1	0

14

	8	0
−	4	0

개념 다지기

✏️ 계산해 보세요.

1
```
    2  0
-   1  0
```

2
```
    7  0
-   6  0
```

3
```
    5  0
-   3  0
```

4
```
    4  0
-   1  0
```

5
```
    9  0
-   5  0
```

6
```
    3  0
-   2  0
```

7
```
    5  0
+   2  0
```

8
```
    9  0
-   8  0
```

9
```
    8  0
-   2  0
```

10
```
    7  0
-   1  0
```

11
```
    8  0
-   5  0
```

12
```
    1  5
+   2  3
```

13
```
    4  0
-   3  0
```

14
```
    6  0
-   2  0
```

15
```
    9  0
-   2  0
```

✏️ 세로로 식을 써서 계산해 보세요.

1 80-20

	8	0
−	2	0

2 50-20

3 60-30

4 70-10

5 70-40

6 37+20

7 20-10

8 60-50

9 80-20

10 70-50

11 57-3

12 50-10

13 80-10

14 60+10

15 90-40

개념 키우기

✏️ 문제를 해결해 보세요.

① 달걀이 60개 있습니다. 요리를 위해 20개를 사용하였습니다.
  남은 달걀은 몇 개인가요?

  식_____ 답_____개

② 민아는 동화책을 70쪽 읽고, 위인전을 50쪽 읽었습니다.
  어느 책을 몇 쪽 더 많이 읽었나요?

  식_____ 답_____, _____쪽

③ 차가 큰 순서대로 글자를 써 보세요.

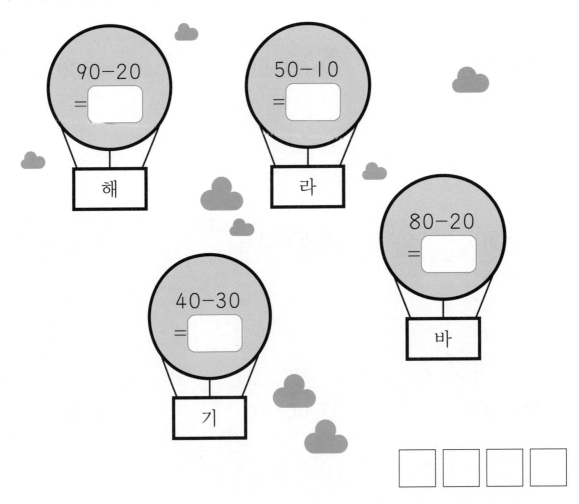

90-20
=▢
해

50-10
=▢
라

80-20
=▢
바

40-30
=▢
기

▢ ▢ ▢ ▢

118

개념 다시보기

✏️ 계산해 보세요.

1.
```
    3 0
-   2 0
```

2.
```
    5 0
-   4 0
```

3.
```
    8 0
-   2 0
```

4.
```
    9 0
-   6 0
```

5.
```
    4 0
-   2 0
```

6.
```
    5 0
-   5 0
```

7.
```
    7 0
-   3 0
```

8.
```
    6 0
-   1 0
```

9.
```
    4 0
-   1 0
```

10.
```
    6 0
-   5 0
```

11.
```
    4 0
-   3 0
```

12.
```
    7 0
-   5 0
```

도전해 보세요

1. 두 수를 골라 차가 30이 되는 뺄셈식을 써 보세요.

| 30 | 40 | 50 | 60 |

　□ - □ =30

2. 계산해 보세요.

(1) 38-27= □

(2) 88-66= □

19단계 (몇십몇)-(몇십몇)

개념연결

1-2덧셈과 뺄셈(3)		2-1덧셈과 뺄셈	3-1덧셈과 뺄셈
(몇십)-(몇십)	(몇십몇)-(몇십몇)	(두 자리 수)-(두 자리 수)	(세 자리 수)-(세 자리 수)
$30-10=\boxed{20}$	$48-27=\boxed{21}$	$82-36=\boxed{46}$	$438-213=\boxed{225}$

배운 것을 기억해 볼까요?

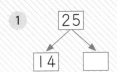

1
$$25$$
$$14 \quad \boxed{}$$

2
$$\begin{array}{r} 7\,0 \\ -\ 3\,0 \\ \hline \end{array}$$

3 (1) $45+12=$
  (2) $15-2=$

(몇십몇)-(몇십몇)을 할 수 있어요.

30초 개념

뺄셈은 같은 자리의 수끼리 빼서 계산해요.
일의 자리 수는 일의 자리 수끼리 빼고 십의 자리 수는
십의 자리 수끼리 빼요.

57-34의 계산

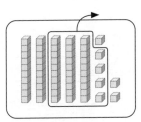

57에서 34를 덜어 내요.

$$\begin{array}{r} 5\,7 \\ -\ 3\,4 \\ \hline \end{array}$$
⟹

① 일의 자리 계산
$$\begin{array}{r} 5\,7 \\ -\ 3\,4 \\ \hline 3 \end{array}$$
일의 자리 수끼리
빼서 내려 써요.
7-4=3

② 십의 자리 계산
$$\begin{array}{r} 5\,7 \\ -\ 3\,4 \\ \hline 2\,3 \end{array}$$
십의 자리 수끼리
빼서 내려 써요.
5-3=2

이런 방법도 있어요!

57-34에서 십의 자리 수끼리 뺄 때
5-3=2로 계산해요.
하지만 실제 십의 자리 수의 차는
50-30이므로 20과 같아요.

$$\begin{array}{r} 5\,7 \\ -\ 3\,4 \\ \hline 2\,0 \quad \leftarrow 50-30 \\ 3 \quad \leftarrow 7-4 \\ \hline 2\,3 \end{array}$$

✏️ 계산해 보세요.

일의 자리, 십의 자리 순서로 계산해요.

1
```
    5 6
 -  1 4
 ─────
      2
```

각 자리끼리 뺀 수를 바로 아래로 내려 써요.

2
```
    3 5
 -  1 1
 ─────
```

3
```
    4 7
 -  1 5
 ─────
```

4
```
    2 7
 -  1 3
 ─────
```

5
```
    4 6
 -  2 6
 ─────
```

6
```
    9 4
 -  3 2
 ─────
```

7
```
    6 7
 -  1 4
 ─────
```

8
```
    5 9
 -  2 3
 ─────
```

9
```
    8 7
 -  5 1
 ─────
```

10
```
    4 8
 -  1 7
 ─────
```

11
```
    1 5
 -  1 3
 ─────
```

12
```
    4 9
 -  3 5
 ─────
```

13
```
    3 6
 -  1 4
 ─────
```

14
```
    5 8
 -  2 4
 ─────
```

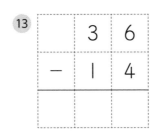

계산해 보세요.

1
```
    3  7
 -  1  5
```

2
```
    4  6
 -  1  2
```

3
```
    2  7
 -  2  1
```

4
```
    4  2
 +  1  0
```

5
```
    5  9
 -  3  9
```

6
```
    6  5
 -  1  4
```

7
```
    7  8
 -  1  6
```

8
```
    5  9
 -  2  7
```

9
```
    8  6
 -  1  5
```

10
```
    4  5
 -  3  2
```

11
```
    9  4
 -  7  1
```

12
```
    4  7
 -  3  2
```

13
```
    2  7
 +  5  1
```

14
```
    3  8
 -  2  3
```

15
```
    6  5
 -  3  2
```

✏️ 세로로 식을 써서 계산해 보세요.

① 34-21

	3	4
-	2	1

② 28-13

③ 53-23

④ 66-44

⑤ 83-23

⑥ 75-41

⑦ 16+22

⑧ 57-32

⑨ 57-13

⑩ 76-36

⑪ 15+53

⑫ 73-30

⑬ 87-45

⑭ 78-32

⑮ 76-12

개념 키우기

✏️ 문제를 해결해 보세요.

1 학생 47명이 운동장에서 놀고 있습니다. 그중 15명이 교실로 들어가면 운동장에 남는 학생은 모두 몇 명인가요?

식_____ 답_____명

2 버스에 26명이 타고 있습니다. 다음 정류장에서 12명이 내리면 버스에 남는 사람은 몇 명인가요?

식_____ 답_____명

3 마트에서 채소를 팔고 있습니다. 그림을 보고 물음에 답하세요.

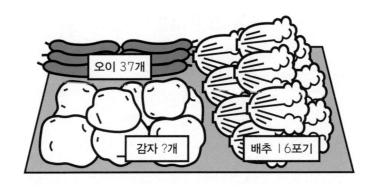

(1) 오이는 배추보다 몇 개 더 많나요?

식_____ 답_____개

(2) 감자는 오이보다 42개 더 많다고 합니다. 감자는 모두 몇 개인가요?

식_____ 답_____개

(3) 감자는 배추보다 몇 개 더 많나요?

식_____ 답_____개

개념 다시보기

🖊 계산해 보세요.

①
```
    1 5
  - 1 4
```

②
```
    5 7
  - 1 3
```

③
```
    8 2
  - 5 2
```

④
```
    4 9
  - 1 5
```

⑤
```
    5 7
  - 2 6
```

⑥
```
    2 9
  - 2 1
```

⑦
```
    4 8
  - 2 1
```

⑧
```
    3 5
  - 3 5
```

⑨
```
    6 5
  - 4 1
```

⑩
```
    8 7
  - 6 2
```

⑪
```
    2 8
  - 1 2
```

⑫
```
    7 7
  - 2 7
```

도전해 보세요

① 도형이는 86쪽짜리 책을 읽고 있습니다. 도형이가 지금까지 32쪽을 읽었으면 몇 쪽을 더 읽어야 책을 다 읽게 되나요?

(　　　　　　)쪽

② 가장 큰 수와 가장 작은 수의 차는 얼마인가요?

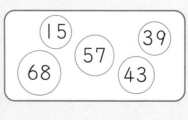

(　　　　　　)

두 자리 수의 덧셈과 뺄셈

개념연결

1-1덧셈과 뺄셈	두 자리 수의 덧셈과 뺄셈	2-1덧셈과 뺄셈	2-1덧셈과 뺄셈
(몇)+(몇)		(두 자리 수)+(두 자리 수)	(두 자리 수)-(두 자리 수)
4+2=6	24+35=59 57-35=22	53+17=70	53-17=36

배운 것을 기억해 볼까요?

1 (1) 50+3=
   (2) 36-5=

2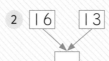

3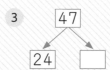

두 자리 수의 덧셈과 뺄셈을 할 수 있어요.

30초 개념 식을 계산할 때, '+' 또는 '-' 기호를 보고 덧셈식인지 뺄셈식인지 구분해요. 그런 다음 계산 원리에 따라 같은 자리 수끼리 계산해요.

덧셈식 계산

$21+3=\boxed{}$　$15+42=\boxed{}$

```
   2 1          1 5
 +   3        + 4 2
 -----        -----
   2 4          5 7
```

일의 자리 수끼리 더하고 십의 자리 수는 그대로 써요.

일의 자리 수끼리 더하고 십의 자리 수끼리 더해요.

뺄셈식 계산

$37-5=\boxed{}$　$46-31=\boxed{}$

```
   3 7          4 6
 -   5        - 3 1
 -----        -----
   3 2          1 5
```

일의 자리 수끼리 빼고 십의 자리 수는 그대로 써요.

일의 자리 수끼리 빼고 십의 자리 수끼리 빼요.

이런 방법도 있어요!

받아올림이나 받아내림이 없는
덧셈과 뺄셈은 앞에서부터 계산해도 돼요.

```
   6 6            6 6
 - 4 4    ⇒     - 4 4
 -----          -----
   2              2 2
```

십의 자리 계산　　　　일의 자리 계산

개념 익히기

✎ 계산해 보세요.

①
```
   2  0
+     7
```

일의 자리, 십의 자리 순서로 계산해요.

+, −를 보고 덧셈식인지, 뺄셈식인지 구분해요.

②
```
   3  5
−  1  2
```

③
```
   2  8
−     3
```

④
```
      4
+  1  2
```

⑤
```
   5  0
−  1  0
```

⑥
```
   4  3
−  2  3
```

⑦
```
   1  2
+  6  2
```

⑧
```
      7
+  2  1
```

⑨
```
   7  6
−  6  0
```

⑩
```
   3  3
+  1  6
```

⑪
```
   2  9
+  5  0
```

⑫
```
   1  0
+  2  7
```

⑬
```
   6  3
−  4  0
```

⑭
```
   7  8
−  2  4
```

두 수를 이용하여 덧셈식과 뺄셈식을 만들고 계산해 보세요.

1 | 12 | 16 |

16 + 12 = ☐
16 - 12 = ☐

2 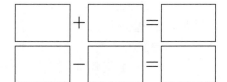 | 30 | 40 |

☐ + ☐ = ☐
☐ - ☐ = ☐

3 | 3 | 15 |

☐ + ☐ = ☐
☐ - ☐ = ☐

4 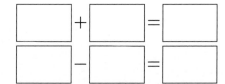 | 37 | 22 |

☐ + ☐ = ☐
☐ - ☐ = ☐

5 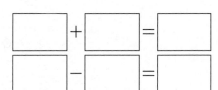 | 24 | 75 |

☐ + ☐ = ☐
☐ - ☐ = ☐

6 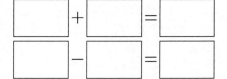 | 10 | 36 |

☐ + ☐ = ☐
☐ - ☐ = ☐

7 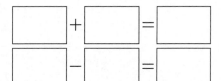 | 43 | 23 |

☐ + ☐ = ☐
☐ - ☐ = ☐

8 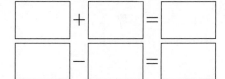 | 46 | 2 |

☐ + ☐ = ☐
☐ - ☐ = ☐

✏️ 세로로 식을 써서 계산해 보세요.

1. 76−21

```
    7 6
  - 2 1
```

2. 24+13

3. 50−20

4. 45+52

5. 6+32

6. 58−41

7. 9+90

8. 71+17

9. 64−13

10. 30−10

11. 87−34

12. 70+28

13. 53+20

14. 88−8

15. 59−39

개념 키우기

✏️ 문제를 해결해 보세요.

1 진아는 75쪽짜리 동화책을 읽고 있습니다. 지금까지 42쪽을 읽었으면
   몇 쪽을 더 읽어야 동화책을 다 읽게 되나요?

                    식_____   답_____쪽

2 현우는 스티커를 23장 모았습니다. 12장을 더 모으면 상품을 받을 수
   있다고 합니다. 상품을 받으려면 스티커가 몇 장 필요한가요?

                    식_____   답_____장

3 동물들이 활쏘기 놀이를 하고 있습니다. 물음에 답하세요.

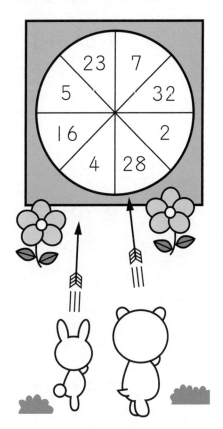

(1) 산토끼는 화살 2발을 쏘아
    37점을 얻었습니다.
    맞힌 과녁의 수를 쓰세요.

    ☐ , ☐

(2) 곰은 화살 3발을 쏘아
    29점을 얻었습니다.
    맞힌 과녁의 수를 쓰세요.

    ☐ , ☐ , ☐

개념 다시보기

 두 수를 이용하여 덧셈식과 뺄셈식을 만들고 계산해 보세요.

①　9　6

　□ + □ = □
　□ − □ = □

②　26　12

　□ + □ = □
　□ − □ = □

③　4　15

　□ + □ = □
　□ − □ = □

④　62　12

　□ + □ = □
　□ − □ = □

⑤　54　20

　□ + □ = □
　□ − □ = □

⑥　73　20

　□ + □ = □
　□ − □ = □

도전해 보세요

① 도토리를 아기 다람쥐는 12개 모으고, 아빠 다람쥐는 아기 다람쥐보다 3개 더 모았습니다. 두 다람쥐가 모은 도토리는 모두 몇 개인가요?

　　　　(　　　　　　　)개

② □ 안에 알맞은 수를 써넣으세요.

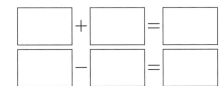

```
    □  7
 −  1  2
 ─────────
    6  □
```

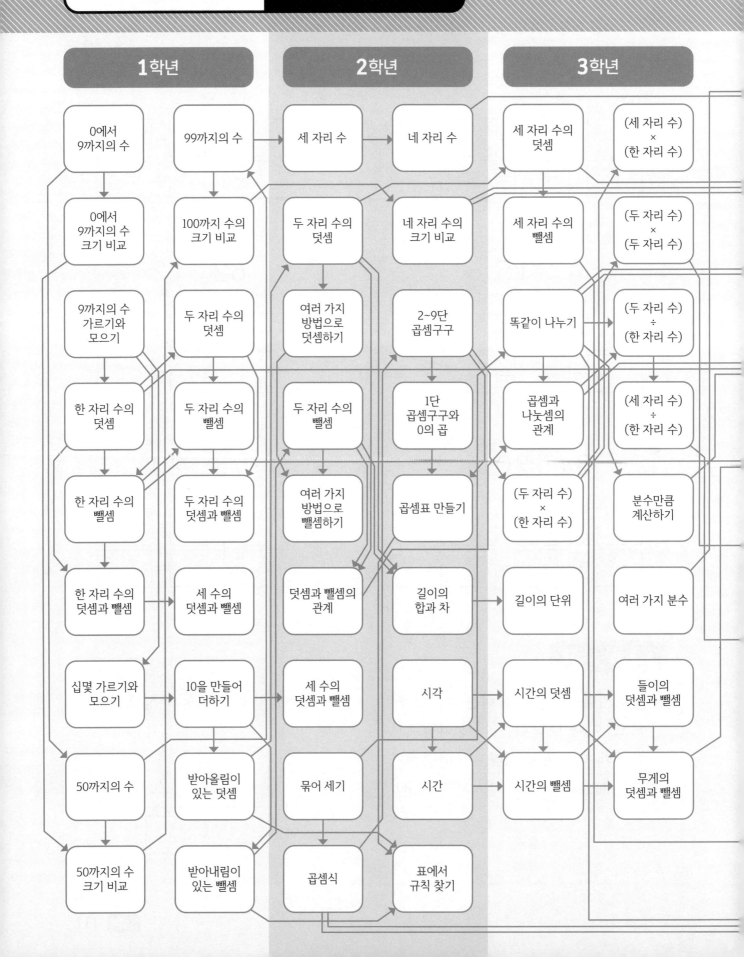

1~6학년 연산 개념연결 지도

1학년

- 0에서 9까지의 수
- 0에서 9까지의 수 크기 비교
- 9까지의 수 가르기와 모으기
- 한 자리 수의 덧셈
- 한 자리 수의 뺄셈
- 한 자리 수의 덧셈과 뺄셈
- 십몇 가르기와 모으기
- 50까지의 수
- 50까지의 수 크기 비교

- 99까지의 수
- 100까지 수의 크기 비교
- 두 자리 수의 덧셈
- 두 자리 수의 뺄셈
- 두 자리 수의 덧셈과 뺄셈
- 세 수의 덧셈과 뺄셈
- 10을 만들어 더하기
- 받아올림이 있는 덧셈
- 받아내림이 있는 뺄셈

2학년

- 세 자리 수
- 두 자리 수의 덧셈
- 여러 가지 방법으로 덧셈하기
- 두 자리 수의 뺄셈
- 여러 가지 방법으로 뺄셈하기
- 덧셈과 뺄셈의 관계
- 세 수의 덧셈과 뺄셈
- 묶어 세기
- 곱셈식

- 네 자리 수
- 네 자리 수의 크기 비교
- 2~9단 곱셈구구
- 1단 곱셈구구와 0의 곱
- 곱셈표 만들기
- 길이의 합과 차
- 시각
- 시간
- 표에서 규칙 찾기

3학년

- 세 자리 수의 덧셈
- 세 자리 수의 뺄셈
- 똑같이 나누기
- 곱셈과 나눗셈의 관계
- (두 자리 수) × (한 자리 수)
- 길이의 단위
- 시간의 덧셈
- 시간의 뺄셈

- (세 자리 수) × (한 자리 수)
- (두 자리 수) × (두 자리 수)
- (두 자리 수) ÷ (한 자리 수)
- (세 자리 수) ÷ (한 자리 수)
- 분수만큼 계산하기
- 여러 가지 분수
- 들이의 덧셈과 뺄셈
- 무게의 덧셈과 뺄셈

★ 연산 개념연결 지도는 비아북 블로그에서 다운로드받을 수 있습니다. blog.naver.com/viabook/221764401368 ★

MEMO

연산의 발견 2권

지은이 | 전국수학교사모임 개념연산팀

초판 1쇄 발행일 2020년 1월 23일
개정판 1쇄 발행일 2024년 9월 27일

발행인 | 한상준
편집 | 김민정·강탁준·손지원·최정휴·김영범
삽화 | 조경규
디자인 | 김경희·김성인·김미숙·정은예
마케팅 | 이상민·주영상
관리 | 양은진

발행처 | 비아에듀(ViaEdu Publisher)
출판등록 | 제313-2007-218호(2007년 11월 2일)
주소 | 서울시 마포구 연남동 월드컵북로6길 97(연남동 567-40) 2층
전화 | 02-334-6123 전자우편 | crm@viabook.kr
홈페이지 | viabook.kr

ⓒ 전국수학교사모임 개념연산팀, 2024
ISBN 979-11-94348-01-6 64410
ISBN 979-11-92904-99-3 (세트)

로 가르기 하면 5+5=10, 3+10=13이 돼요.
③ (1) 도넛 9개, 식빵 8개, 바게트 6개, 꽈배기 5개
이므로 도넛이 가장 많아요.
(2) 도넛이 9개, 꽈배기가 5개이므로 식으로 나타
내면 9+5=14예요.
(3) 바게트가 6개, 식빵이 8개이므로 식으로 나타
내면 6+8=14예요.

개념 다시보기   077쪽

1 17; 7, 1   2 12; 2, 3   3 13; 3, 5
4 13; 3, 1   5 15; 5, 2   6 12; 2, 2
7 14; 4, 4   8 12; 2, 7   9 15; 5, 1

도전해 보세요   077쪽

1 18   2 7, 9

1 식으로 나타내면 6+8+4=18이에요.
2 더해서 16이 되는 두 수를 찾아요.

12단계 뒤에 있는 수를 가르기 하여 뺄셈하기

배운 것을 기억해 볼까요?   078쪽

1 (1) 7 (2) 4   2 (1) 2 (2) 4

개념 익히기   079쪽

1 7; 2, 3   2 8; 5, 2
3 9; 3, 1   4 7; 6, 3   5 8; 1, 2
6 5; 4, 5   7 7; 5, 3   8 9; 1, 1
9 5; 2, 5   10 8; 4, 2   11 4; 2, 6
12 8; 5, 2   13 5; 4, 5   14 7; 3, 3

개념 다지기   080쪽

1 9; 2, 1   2 8; 3, 2   3 7; 1, 3
4 9; 7, 1   5 5; 4, 5   6 6; 3, 4
7 6; 5, 4   8 8; 7, 2   9 9; 5, 1
10 4; 2, 6   11 7; 4, 3   12 8; 2, 2
13 7; 5, 3   14 5; 1, 5   15 7; 6, 3

선생님놀이

5 14-9에서 뒤의 수 9를 4와 5로 가르기 해요.
14-4=10, 10-5=5를 계산해요.

13 15-8에서 뒤의 수 8을 5와 3으로 가르기 해요.
15-5=10, 10-3=7을 계산해요.

개념 다지기   081쪽

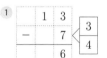 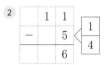
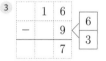 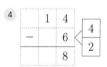
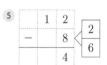 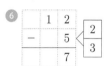
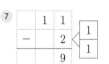 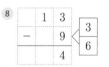
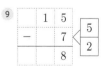
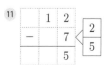 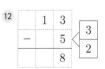

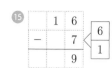 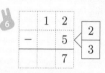

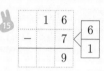

선생님놀이

6 12-5에서 뒤의 수 5를 2와 3으로 가르기 해요. 12-2=10, 10-3=7을 계산해요.

15 16-7에서 뒤의 수 7을 6과 1로 가르기 해요. 16-6=10, 10-1=9를 계산해요.

개념 키우기   082쪽

1 식: 14-5=9   답: 9
2 식: 16-9=7   답: 7
3 (1) 지혜
(2) 식: 15-7=8   답: 8
(3) 식: 12-5=7   답: 7

1 식으로 나타내면 14-5=9예요. 이때 5를 4와 1로
가르기 하면 14-4=10, 10-1=9가 돼요.
2 식으로 나타내면 16-9=7이에요. 이때 9를 6과 3
으로 가르기 하면 16-6=10, 10-3=7이 돼요.
3 (1) 도영이는 13점, 지혜는 15점, 민수는 12점이므
로 가장 높은 점수를 얻은 지혜가 1등이에요.
(2) 식으로 나타내면 15-7=8이에요. 이때 7을 5
와 2로 가르기 하면 15-5=10, 10-2=8이
돼요.
(3) 식으로 나타내면 12-5=7이에요. 이때 5를 2와
3으로 가르기 하면 12-2=10, 10-3=7이 돼요.

개념 다시보기   083쪽

1 8; 2, 2   2 9; 5, 1   3 8; 1, 2
4 7; 4, 3   5 3; 2, 7   6 7; 5, 3
7 4; 2, 6   8 5; 1, 5   9 8; 5, 2

도전해 보세요   083쪽

1 7, 6, 8   2 8

1 13-6=7, 13-7=6, 14-6=8이에요.
2 식으로 나타내면 17-3-6=8이에요.

13단계 앞에 있는 수를 가르기 하여 뺄셈하기

배운 것을 기억해 볼까요?   084쪽

1 (1) 8 (2) 3   2 (1) 8 (2) 6

개념 익히기   085쪽

1 5; 10, 2   2 8; 10, 3
3 5; 10, 1   4 9; 10, 3   5 8; 10, 5
6 4; 10, 2   7 2; 10, 1   8 8; 10, 6
9 5; 10, 2   10 4; 10, 3   11 8; 10, 5
12 6; 10, 4   13 6; 10, 3   14 8; 10, 4

개념 다지기   086쪽

1 5; 10, 2   2 3; 10, 1   3 9; 10, 5
4 9; 10, 4   5 8; 10, 7   6 9; 10, 3
7 8; 10, 2   8 8; 10, 6   9 6; 10, 5
10 5; 10, 3   11 5; 10, 4   12 8; 10, 5

선생님놀이

7 12를 10과 2로 가르기 해요. 10-4=6을 계산한
다음, 남은 수 2를 더해요. 6+2=8이에요.

11 14를 10과 4로 가르기 해요. 10-9=1을 계산한
다음, 남은 수 4를 더해요. 1+4=5예요.

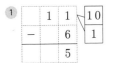 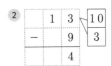
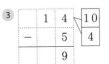 
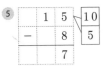
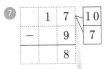

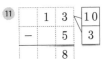 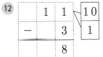

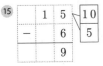
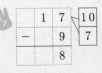

선생님놀이

17을 10과 7로 가르기 해요. 10-9=1을 계산한 다음, 남은 수 7을 더해요. 1+7=8이에요.

12를 10과 2로 가르기 해요. 10-7=3을 계산한 다음, 남은 수 2를 더해요. 3+2=5예요.

개념 키우기　088쪽

1 식: 14-5=9　답: 9
2 식: 12-8=4　답: 4
3 (1) 식: 13-7=6　　답: 6
　(2) 식: 15-8=7　　답: 7

1 식으로 나타내면 14-5=9예요. 14-5에서 14를 10과 4로 가르기 하고 10-5를 먼저 계산해요. 10-5=5이고, 남은 수 4를 더하면 5+4=9가 돼요.
2 식으로 나타내면 12-8=4예요. 12-8에서 12를 10과 2로 가르기 하고 10-8을 먼저 계산해요. 10-8=2이고, 남은 수 2를 더하면 2+2=4가 돼요.
3 (1) 책은 알뜰상품권 7장으로 살 수 있으므로, 식으로 나타내면 13-7=6이 돼요.
　(2) 줄넘기는 알뜰상품권 8장으로 살 수 있으므로, 식으로 나타내면 15-8=7이 돼요.

개념 다시보기　089쪽

1 6; 10, 4　　2 5; 10, 1　　3 8; 10, 7
4 4; 10, 2　　5 7; 10, 3　　6 7; 10, 5
7 8; 10, 1　　8 9; 10, 6　　9 3; 10, 2

도전해 보세요　089쪽

1 혜진　　　　　　　　2 8

1 혜진이가 고른 카드의 차는 13-6=7이고, 상준이가 고른 카드의 차는 11-5=6이에요.
2 식으로 나타내면 23-15=8이에요.

이에요. 2+3=5이므로 일의 자리수는 5예요. 13의 십의 자리 수는 1이므로 1과 더해서 2가 되는 수는 1이에요.

11단계　앞에 있는 수를 가르기 하여 덧셈하기

배운 것을 기억해 볼까요?　072쪽

1 (1) 16　(2) 14　　2 16, 19　　3 (1) 19　(2) 17

개념 익히기　073쪽

1 13; 2　　　　　2 12; 5
3 14; 1　　　　　4 11; 1, 1　　5 12; 2, 3
6 13; 3, 4　　　7 13; 3, 5　　8 14; 4, 2
9 15; 5, 3　　　10 15; 5, 4　　11 11; 1, 2
12 11; 1, 3　　13 12; 2, 6　　14 13; 3, 3

개념 다지기　074쪽

1 12; 2, 3　　2 11; 1, 7　　3 15; 5,
4 16; 6, 1　　5 15; 5, 2　　6 13; 3, 1
7 13; 3, 5　　8 14; 4, 2　　9 18; 8, 1
10 14; 4, 4　　11 11; 1, 3　　12 12; 2, 4
13 12; 2, 5　　14 13; 3, 6　　15 11; 1, 5

선생님놀이

8 6+8에서 6을 4와 2로 가르기 하면 2+8=10, 여기에 남은 수 4를 더하면 답은 14예요.
14 9+4에서 9를 3과 6으로 가르기 하면 6+4=10, 여기에 남은 수 3을 더하면 답은 13이에요.

개념 다지기　075쪽

1 　2 　3
4 　5 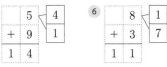　6
7 　8 　9
10　11　12
13 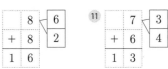　14 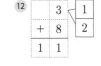　15

선생님놀이

7 7+9에서 7을 6과 1로 가르기 하면 1+9=10, 여기에 남은 수 6을 더하면 답은 16이에요.
14 5+7에서 5를 2와 3으로 가르기 하면 3+7=10, 여기에 남은 수 2를 더하면 답은 12예요.

개념 키우기　076쪽

1 식: 7+4=11　답: 11
2 식: 8+5=13　답: 13
3 (1) 도넛
　(2) 식: 9+5=14　　답: 14
　(3) 식: 6+8=14　　답: 14

1 식으로 나타내면 7+4=13이에요. 이때 7을 1과 6으로 가르기 하면 6+4=10, 1+10=11이 돼요.
2 식으로 나타내면 8+5=13이에요. 이때 8을 3과 5

1 12; 1, 2 　**2** 13; 3, 3 　**3** 12; 2, 2
4 11; 4, 1 　**5** 14; 2, 4 　**6** 13; 5, 3
7 16; 2, 6 　**8** 11; 1, 1 　**9** 16; 3, 6
10 11; 8, 1 　**11** 12; 6, 2 　**12** 13; 2, 3
13 16; 1, 6 　**14** 12; 3, 2 　**15** 13; 6, 3

선생님놀이

6 5+8에서 뒤의 수 8을 5와 3으로 가르기 한 다음, 5+5=10을 이용하여 덧셈을 해요. 5+8에서 8을 5와 3으로 가르기 하면 5+5=10이고 여기에 3을 더하면 답은 13이에요.

11 4+8에서 뒤의 수 8을 6과 2로 가르기 한 다음, 4+6=10을 이용하여 덧셈을 해요. 4+8에서 8을 6과 2로 가르기 하면 4+6=10이고 이 수에 2를 더하면 답은 12예요.

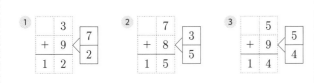

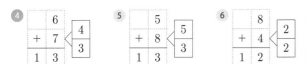

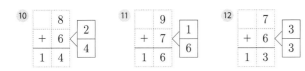

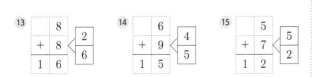

선생님놀이

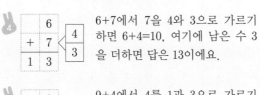

6+7에서 7을 4와 3으로 가르기 하면 6+4=10, 여기에 남은 수 3을 더하면 답은 13이에요.

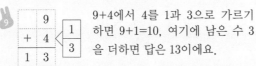

9+4에서 4를 1과 3으로 가르기 하면 9+1=10, 여기에 남은 수 3을 더하면 답은 13이에요.

개념 키우기 　070쪽

1 식: 6+7=13 　답: 13
2 식: 8+4=12 　답: 12
3 (1) 곰
　(2) 식: 5+6=11 　답: 11
　(3) 식: 8+4=12 　답: 12

1 물고기 수를 모두 더해요. 식으로 나타내면 6+7=13이에요.
2 연못에 있는 오리의 수를 모두 더해요. 식으로 나타내면 8+4=12예요.
3 (1) 동물원에는 호랑이가 5마리, 사자가 6마리, 곰이 3마리, 사슴이 8마리, 낙타가 4마리 있어요. 곰이 가장 적어요.
　(2) 호랑이는 5마리, 사자는 6마리예요.
　(3) 사슴은 8마리, 낙타는 4마리예요.

개념 다시보기 　071쪽

1 12; 4, 2 　**2** 11; 3, 1 　**3** 12; 1, 2
4 15; 3, 5 　**5** 12; 2, 2 　**6** 14; 5, 4
7 11; 7, 1 　**8** 13; 3, 3 　**9** 16; 2, 6

도전해 보세요 　071쪽

1 13, 14, 15 　**2** 1, 5

1 8+5=13, 8+6=14, 9+6=15예요.
2 일의 자리부터 계산해요. 8+2=10이고, 10+3=13

14단계 (몇십몇)+(몇)

배운 것을 기억해 볼까요? 　090쪽

1 (1) 7 (2) 6 　**2** 2 　**3** 12

개념 익히기 　091쪽

1 18 　**2** 25
3 18 　**4** 52 　**5** 39
6 48 　**7** 26 　**8** 69
9 46 　**10** 88 　**11** 26
12 47 　**13** 37 　**14** 57

개념 다지기 　092쪽

1 54 　**2** 38 　**3** 46
4 24 　**5** 17 　**6** 68
7 35 　**8** 58 　**9** 45
10 15 　**11** 26 　**12** 34
13 67 　**14** 39 　**15** 27

선생님놀이

5 (몇십몇)+(몇)은 일의 자리, 십의 자리 순서로 계산해요. 일의 자리 숫자 3과 4를 더하면 7이고, 십의 자리 숫자 1은 그대로 내려 써요. 13+4=17이에요.

12 일의 자리 수 2와 2를 더하면 4이고, 십의 자리 숫자는 그대로 내려 써요. 32+2=34예요.

개념 다지기 　093쪽

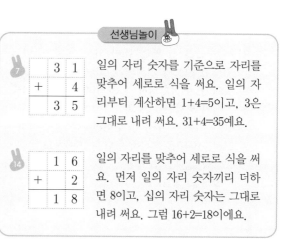

선생님놀이

7 일의 자리 숫자를 기준으로 자리를 맞추어 세로로 식을 써요. 일의 자리부터 계산하면 1+4=5이고, 3은 그대로 내려 써요. 31+4=35예요.

14 일의 자리를 맞추어 세로로 식을 써요. 먼저 일의 자리 숫자끼리 더하면 8이고, 십의 자리 숫자는 그대로 내려 써요. 그럼 16+2=18이에요.

개념 키우기 　094쪽

1 식: 30+7=37 　답: 37
2 식: 20+3=23 　답: 23

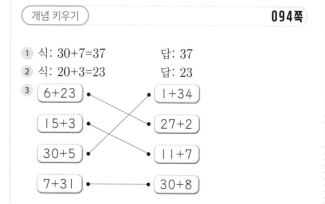

1 도일이는 구슬을 30개, 나는 7개를 가지고 있으므로 30+7=37이 돼요.
2 우리 반 학생은 20명, 오늘 전학 온 학생이 3명이므로 20+3=23이 돼요.
3 (몇십몇)+(몇)을 계산해요. 합이 같은 것끼리 선으로 이으면 이런 모양이 돼요.

개념 다시보기 095쪽

1 45 2 16 3 27
4 34 5 47 6 59
7 48 8 57 9 37
10 18 11 38 12 27

도전해 보세요 095쪽

1 (1) 14 (2) 16   2 37, 47

1 (1) 세 수를 더할 때는 10이 되는 두 수를 먼저 더하면 계산이 편리해요. 10이 되는 두 수를 찾아 먼저 더합니다. 1+9=10이므로, 10+4를 계산하면 답은 14예요.
(2) 10이 되는 두 수를 먼저 더합니다. 8+2=10이므로, 10+6을 계산하면 답은 16이에요.
2 30+7=37, 40+7=47이에요.

15단계 (몇십)+(몇십)

배운 것을 기억해 볼까요? 096쪽

1 19   2 16   3 (1) 27 (2) 17

개념 익히기 097쪽

1 70   2 30
3 80   4 50   5 80
6 90   7 80   8 80
9 80   10 60   11 60
12 60   13 20   14 90

개념 다지기 098쪽

1 30   2 60   3 60
4 70   5 60   6 36

7 60   8 40   9 90
10 80   11 80   12 36
13 90   14 80   15 90

선생님놀이

4 (몇십)+(몇십)에서 두 수는 일의 자리 숫자가 모두 0이므로 일의 자리를 계산하면 0+0=0이에요. 십의 자리 숫자끼리 더해 계산 결과를 구해요. 60+10에서 십의 자리 숫자끼리 더하면 6+1=7이므로, 60+10=70이에요.

13 40+50에서 십의 자리 숫자끼리 더하면 4+5=9이므로, 40+50=90이에요.

개념 다지기 099쪽

1 20+20=40 2 40+30=70 3 30+60=90
4 50+10=60 5 70+4=74 6 37+2=39
7 20+40=60 8 40+20=60 9 10+80=90
10 60+30=90 11 30+40=70 12 10+50=60
13 70+10=80 14 30+30=60 15 40+50=90

선생님놀이

8 | 40 | +20 | 60 |

식을 세로로 쓸 때, 자리에 맞춰 숫자를 쓰고 같은 자리의 숫자끼리 계산해요. 40+20에서 일의 자리 계산은 0+0=0이에요. 십의 자리 숫자는 4+2=6이므로, 40+20=60이 돼요.

---

7 7+6+4=17 또는 7+4+6=17

8 9+9+1=19 또는 9+1+9=19

9 8+7+3=18 또는 8+3+7=18

10 1+2+8=11 또는 1+8+2=11

선생님놀이

7 7, 4, 6 중에서 두 수를 더해 10이 되는 수 4와 6이 뒤에 오고, 앞의 수에 10을 더하는 식을 만들어요. 6+4=10 또는 4+6=10이고, 7+10=17이에요.

10 1, 2, 8 중에서 두 수를 더해 10이 되는 수 2와 8이 뒤에 오고, 앞의 수에 10을 더하는 덧셈식을 만들어요. 2+8=10 또는 8+2=10이고, 1+10=11이에요.

개념 키우기 064쪽

1 식: 6+7+3=16   답: 16
2 식: 4+2+8=14   답: 14
3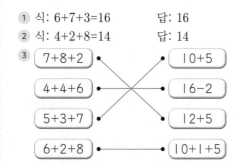

7+8+2 — 12+5
4+4+6 — 16-2
5+3+7 — 10+5
6+2+8 — 10+1+5

1 읽은 책의 권수를 모두 더해요. 식으로 나타내면 6+7+3=16이에요. 더해서 10이 되는 두 수 7과 3을 찾아 먼저 더하면 계산하기 편리해요.
2 꽃의 수를 모두 더해요. 식으로 나타내면 4+2+8=14예요. 더해서 10이 되는 두 수 2와 8을 찾아 먼저 더하면 계산하기 편리해요.
3 7+8+2=17, 4+4+6=14, 5+3+7=15, 6+2+8=16이고, 10+5=15, 16-2=14, 12+5=17, 10+1+5=16이에요.

개념 다시보기 065쪽

1 16   2 17   3 16
4 18   5 14   6 16
7 18   8 17   9 15
10 13   11 18   12 13

도전해 보세요 065쪽

1 (1) 3, 16 (2) 8, 17   2 (1) 6 (2) 13

1 (1) 7과 더해서 10이 되는 수는 3이므로 6+7+3=16이에요.
(2) 2와 더해서 10이 되는 수는 8이므로 7+8+2=17이에요.
2 (1) 7을 3과 4로 가르기 하고 10-(몇)을 이용해 계산할 수 있어요. 13-7은 13-3-4와 같아요. 13-3=10, 10-4=6이에요.
(2) 뒤에 오는 4를 가르기 하고 10+(몇)을 이용해 계산할 수 있어요. 9+4는 9+1+3과 같아요. 9+1=10, 10+3=13이에요.

10단계 뒤에 있는 수를 가르기 하여 덧셈하기

배운 것을 기억해 볼까요? 066쪽

1 (1) 7 (2) 4
2 (1) 15 (2) 13

개념 익히기 067쪽

1 13; 2   2 13; 1
3 11; 5   4 11; 6, 1   5 12; 7, 2
6 13; 4, 3   7 13; 5, 3   8 14; 1, 4
9 14; 3, 4   10 16; 2, 6   11 13; 6, 3
12 11; 4, 1   13 15; 3, 5   14 15; 1, 5

1 (어제 먹은 과자의 개수)+(오늘 먹은 과자의 개수)+(남은 과자 개수)=(처음 과자의 개수)예요. 식으로 나타내면 4+6+3=13이에요.

2 색연필의 개수를 모두 더해요. 8+2+5=15예요.

3 (1) 안경을 낀 학생은 1반 6명, 2반 4명, 3반 5명이에요. 1반이 6명으로 가장 많습니다.
(2) 1반, 2반, 3반의 안경 낀 학생의 수를 모두 더해요. 식으로 나타내면 6+4+5=15예요.
(3) 휴대 전화를 가지고 있는 1반, 2반, 3반의 학생 수를 모두 더해요. 식으로 나타내면 3+7+4=14예요.

개념 다시보기　　　　　　　　　059쪽

1 16　　　　**2** 15　　　　**3** 14
4 18　　　　**5** 12　　　　**6** 17
7 16　　　　**8** 13　　　　**9** 13
10 16　　　**11** 12　　　**12** 15

도전해 보세요　　　　　　　　　059쪽

1 (1) 7, 19　(2) 5, 12
2 16

1 (1) 3과 더해서 10이 되는 수는 7이므로 3+7+9=19예요.
(2) 5와 더해서 10이 되는 수는 5이므로 5+5+2=12예요.
2 6+5+5=16이에요.

9단계 뒤의 두 수로
10을 만들어 더하기

◀ 배운 것을 기억해 볼까요?　　　060쪽

1 17　　　　**2** 15　　　　**3** (1) 4　(2) 10

개념 익히기　　　　　　　　　061쪽

1 14; 10, 14　　**2** 17; 10, 17
3 13; 10, 13　　**4** 15; 10, 15　**5** 17; 10, 17
6 14; 10, 14　　**7** 19; 10, 19　**8** 16; 10, 16
9 13; 10, 13　　**10** 18; 10, 18　**11** 17; 10, 17

개념 다지기　　　　　　　　　062쪽

1 14　　**2** 16　　**3** 17　　**4** 19
5 15　　**6** 11　　**7** 13　　**8** 18
9 17　　**10** 14　　**11** 16　　**12** 17

선생님놀이

3 7+2+8에서 두 수의 합이 10이 되는 수 2와 8을 먼저 더한 다음, 앞에 있는 수 7을 더해요. 7+2+8=17이에요.

7 3+9+1에서 두 수의 합이 10이 되는 수 9와 1을 먼저 더한 다음, 앞에 있는 수 3을 더해요. 3+9+1=13이에요.

개념 다지기　　　　　　　　　063쪽

1 5 + 4 + 6 = 1 5

2 6 + 3 + 7 = 1 6
또는 6 + 7 + 3 = 1 6

3 6 + 2 + 8 = 1 6
또는 6 + 8 + 2 = 1 6

4 5 + 1 + 9 = 1 5
또는 5 + 9 + 1 = 1 5

5 5 + 5 + 5 = 1 5

6 3 + 8 + 2 = 1 3
또는 3 + 2 + 8 = 1 3

11

	3	0
+	4	0
	7	0

30+40에서 일의 자리 숫자는 0이므로 0+0=0이에요. 따라서 그대로 내려 쓰고, 십의 자리 숫자끼리 더해요. 3+4=7이므로, 30+40=70이 돼요.

개념 키우기　　　　　　　　　100쪽

1 식: 20+30=50　　답: 50
2 식: 40+20=60　　답: 60
3

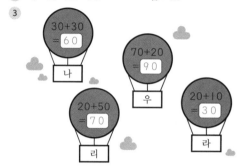

1 20개들이 달걀 한 판에 들어 있는 달걀은 20개입니다. 30개들이 달걀 한 판에 들어 있는 달걀은 30개입니다. 20개들이 달걀 한 판과 30개들이 달걀 한 판을 샀으므로 달걀은 모두 20+30=50(개)입니다.

2 민아는 동화책을 40쪽 읽고, 위인전을 20쪽 읽었으므로 민아는 모두 40+20=60(쪽)을 읽었습니다.

3 열기구에 있는 (몇십)+(몇십)을 계산해요. 70+20=90, 20+50=70, 30+30=60, 20+10=30의 순서로 글자를 쓰면 우, 리, 나, 라가 됩니다.

개념 다시보기　　　　　　　　　101쪽

1 60　　　**2** 30　　　**3** 60
4 80　　　**5** 70　　　**6** 20
7 40　　　**8** 70　　　**9** 70
10 90　　　**11** 90　　　**12** 60

도전해 보세요　　　　　　　　　101쪽

1 30, 40　　　**2** 65

1 두 수를 골라 합이 70이 되어야 해요. (몇십)+(몇십)을 계산할 때 일의 자리 숫자가 0이면 십의 자리 숫자끼리 더해서 결과를 구합니다. 보기의 수는 모두 일의 자리 숫자가 0이므로, 더해서 7이 되는 십의 자리 숫자를 찾아요. 30+40=70입니다.
2 (몇십몇)+(몇십)은 일의 자리끼리, 십의 자리끼리 더해요. 일의 자리를 먼저 계산하면 5+0=5입니다. 십의 자리끼리 더하면 4+2=6이에요. 답은 65예요.

16단계 (몇십몇)+(몇십몇)

◀ 배운 것을 기억해 볼까요?　　　102쪽

1 27　　　**2** 80　　　**3** (1) 47　(2) 70

개념 익히기　　　　　　　　　103쪽

1 46　　　　**2** 64
3 37　　　　**4** 58　　　**5** 94
6 86　　　　**7** 47　　　**8** 38
9 68　　　　**10** 48　　　**11** 63
12 36　　　　**13** 49　　　**14** 76

개념 다지기　　　　　　　　　104쪽

1 39　　　**2** 48　　　**3** 85
4 75　　　**5** 94　　　**6** 47
7 68　　　**8** 88　　　**9** 89
10 76　　　**11** 88　　　**12** 39
13 77　　　**14** 84　　　**15** 79

선생님놀이

5 같은 자리 숫자끼리 더해서 계산해요. 일의 자리

부터 계산하면 2+2=4이고, 십의 자리는 4+5=9
이므로, 42+52=94예요.
12 같은 자리 숫자끼리 더해서 계산해요. 일의 자리
부터 계산하면 8+1=9이고, 십의 자리는 2+1=3
이므로, 28+11=39예요.

개념 다지기   105쪽

1 28 + 31 = 59
2 52 + 16 = 68
3 43 + 25 = 68
4 11 + 22 = 33
5 33 + 44 = 77
6 36 + 51 = 87
7 6 + 50 = 56
8 31 + 61 = 92
9 50 + 8 = 58
10 32 + 23 = 55
11 42 + 52 = 94
12 63 + 14 = 77
13 82 + 16 = 98
14 32 + 35 = 67
15 43 + 34 = 77

선생님놀이

8 31 + 61 = 92
십의 자리, 일의 자리에 맞춰 식
을 세로로 쓰고, 같은 자리 숫자끼
리 더해서 계산해요. 일의 자리부터
계산하면 1+1=2이고, 십의 자리는
3+6=9이므로, 31+61=92예요.

13 82 + 16 = 98
십의 자리, 일의 자리에 맞춰 식
을 세로로 쓰고, 같은 자리 숫자끼
리 더해서 계산해요. 일의 자리부터
계산하면 2+6=8이고, 십의 자리는
8+1=9이므로, 82+16=98예요.

개념 키우기   106쪽

1 식: 24+13=37   답: 37
2 식: 35+23=58   답: 58
3 (1) 식: 65+12=77   답: 77
  (2) 식: 32+26=58   답: 58

1 긴팔원숭이가 24마리, 개코원숭이가 13마리이므
로 24+13=37이 돼요.
2 도영이는 밤을 35개 주웠고, 진수는 도영이보다
밤을 23개 더 주웠으므로 진수가 주운 밤의 개수
는 모두 35+23=58이에요.
3 (1) ㉯ 건물은 ㉮ 건물보다 12층 더 높아요. ㉮ 건
물이 65층이므로, ㉯ 건물은 65+12=77(층)이
에요.
   (2) ㉰ 건물은 ㉱ 건물보다 26층 더 높아요. ㉱ 건물
이 32층이므로, ㉰ 건물은 32+26=58(층)이에요.

개념 다시보기   107쪽

1 76   2 33   3 79
4 73   5 69   6 68
7 78   8 76   9 69
10 62   11 49   12 64

도전해 보세요   107쪽

1 15, 13, 28   2 78

1 남학생이 15명, 여학생이 13명이므로 지호네 학교
합창단의 학생 수는 모두 15+13=28(명)이에요.
13+15=28(명)으로 계산해도 맞아요.
2 42>36>25>24>17이므로 가장 큰 수는 42이고,
두 번째로 큰 수는 36입니다. 따라서 두 수의 합
은 42+36=78이에요.

1 식으로 나타내면 6+4+2=12예요.
2 1부터 차례로 1씩 커져요. ★=4, ◆=9이므로 ★
+◆=4+9=13이에요.

3 7 + 3 + 2 = 1 2
   또는 3 + 7 + 2 = 1 2
4 8 + 2 + 5 = 1 5
   또는 2 + 8 + 5 = 1 5
5 1 + 9 + 7 = 1 7
   또는 9 + 1 + 7 = 1 7
6 5 + 5 + 8 = 1 8
7 7 + 3 + 8 = 1 8
   또는 3 + 7 + 8 = 1 8
8 9 + 1 + 6 = 1 6
   또는 1 + 9 + 6 = 1 6
9 6 + 4 + 9 = 1 9
   또는 4 + 6 + 9 = 1 9
10 8 + 2 + 5 = 1 5
   또는 2 + 8 + 5 = 1 5

8단계   앞의 두 수로 10을 만들어 더하기

배운 것을 기억해 볼까요?   054쪽

1 16   2 14   3 3

개념 익히기   055쪽

1 12; 10, 12   2 15; 10, 15
3 11; 10, 11   4 16; 10, 16   5 14; 10, 14
6 15; 10, 15   7 17; 10, 17   8 18; 10, 18
9 16; 10, 16   10 13; 10, 13   11 15; 10, 15

개념 나시기   056쪽

1 14   2 11   3 18   4 15
5 17   6 13   7 16   8 19
9 2   10 11   11 17   12 5

선생님놀이

7 7+3+5에서 앞의 두 수 7과 3을 더한 수 10에 뒤
에 오는 수 5를 더하면 15가 돼요.

11 6+4+7에서 앞의 두 수 6과 4를 더한 수 10에 뒤
에 오는 수 7을 더하면 17이 돼요.

개념 다지기   057쪽

1 4 + 6 + 7 = 1 7

2 6 + 4 + 3 = 1 3
   또는 4 + 6 + 3 = 1 3

선생님놀이

5 1, 7, 9 중에서 두 수를 더해 10이 되는 수를 찾
아 덧셈식을 만들고, 남은 수를 더해요. 1+9=10
또는 9+1=10이고, 10+7=17이에요.

7 8, 7, 3 중에서 두 수를 더해 10이 되는 수를 찾
를 찾아 덧셈식을 만들고, 남은 수를 더해요.
7+3=10 또는 3+7=10이고, 10+8=18이에요.

개념 키우기   058쪽

1 식: 4+6+3=13   답: 13
2 식: 8+2+5=15   답: 15
3 (1) 1
  (2) 식: 6+4+5=15   답: 15
  (3) 식: 3+7+4=14   답: 14

1 7 2 4
3 8 4 2
5 6 6 3, 7
7 7 8 5
9 7, 3 10 9, 1

선생님놀이

4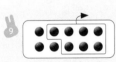

바둑돌의 개수를 모두 세면 10개예요. 그중 흰 바둑돌이 8개이고, 검은 바둑돌이 2개예요. 이것을 식으로 나타내면 8+2=10이에요. 따라서 □ 안에 알맞은 수는 2예요.

9

바둑돌 10개 중 7개를 덜어 내고 3개가 남는 그림이에요. 이것을 뺄셈식으로 나타내면 10-7=3 이에요.

개념 다지기　051쪽

1 10 - 4 = 6
2 8 + 2 = 10
3 6 + 4 = 10
4 10 - 7 = 3
5 2 + 8 = 10
6 10 - 2 = 8
7 5 + 5 = 10
8 4 + 6 = 10
9 10 - 9 = 1
10 10 - 3 = 7

선생님놀이

6

바둑돌 10개 중 2개를 덜어 내고 8개가 남는 그림이에요. 이것을 뺄셈식으로 나타내면 10-2=8이에요.

8

흰 바둑돌이 4개, 검은 바둑돌이 6개예요. 바둑돌의 개수를 모두 세면 10개예요. 이것을 덧셈식으로 나타내면 4+6=10이에요.

개념 키우기　052쪽

1 식: 10-3=7 답: 7
2 식: 4+6=10 답: 10
3

2+8	7-3	0+9	7+3	2+5
4+6	5+3	9+1	6+3	8+2
8+2	6+2	6+4	9-1	3+7
5+5	9-4	2+8	5-5	1+9
7+3	2+6	7+1	4+6	2+7

1 10개에서 3개를 덜어 내면 7개가 남아요. 뺄셈식으로 나타내면 10-3=7이 되지요.
2 동화책 4쪽과 6쪽을 합하면 모두 10쪽이에요. 덧셈식으로 나타내면 4+6=10이 되지요. 6+4=10으로 계산해도 맞아요.
3 1+9=10, 2+8=10, 3+7=10, 4+6=10, 5+5=10이고, 6+4=10, 7+3=10, 8+2=10, 9+1=10이에요.

개념 다시보기　053쪽

1 2 2 6
3 8 4 4
5 6 6 7

도전해 보세요　053쪽

1 12 2 13

17단계 (몇십몇)-(몇)

배운 것을 기억해 볼까요?　108쪽

1 (1) 2 (2) 5 2 6 3 8

개념 익히기　109쪽

1 32 2 15
3 31 4 62 5 25
6 71 7 56 8 31
9 40 10 64 11 87
12 32 13 50 14 71

개념 다지기　110쪽

1 51 2 22 3 31
4 24 5 32 6 56
7 61 8 38 9 70
10 87 11 54 12 43
13 87 14 75 15 61

선생님놀이

3 먼저, 일의 자리 숫자끼리 계산하고 십의 자리 숫자는 그대로 내려 써요. 일의 자리끼리 계산하면 5-4=1이고, 십의 자리 숫자를 그대로 내려 쓰면, 35-4=31이에요.

12 먼저, 일의 자리 숫자끼리 계산하면 9-6=3이고, 십의 자리 숫자를 그대로 내려 쓰면, 49-6=43이에요.

개념 다지기　111쪽

1 15 - 3 = 12
2 28 - 2 = 26
3 49 - 2 = 47
4 55 - 3 = 52
5 36 - 5 = 31
6 21 - 1 = 20

7 58 - 6 = 52
8 37 - 2 = 35
9 15 + 12 = 27
10 63 - 2 = 61
11 59 - 4 = 55
12 28 - 5 = 23
13 6 + 12 = 18
14 20 + 60 = 80
15 78 - 3 = 75

선생님놀이

7 58 - 6 = 52
먼저, 일의 자리 숫자끼리 계산하면 8-6=2이고, 십의 자리 숫자는 빼는 수가 없으므로 그대로 내려 써요. 58-6=52예요.

12 28 - 5 = 23
먼저, 일의 자리 숫자끼리 계산하면 8-5=3이고, 십의 자리 숫자 2는 빼는 수가 없으므로 그대로 내려 써요. 28-5=23이에요.

개념 키우기　112쪽

1 식: 37-5=32 답: 32
2 식: 37-4=33 답: 준기, 33
3
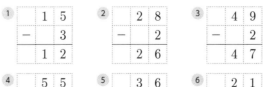

18+7 • — • 17+5
37-5 • — • 29-4
28-6 • — • 28-7
17+4 • — • 17+15

1 37-5=32이므로 남는 구슬은 32개입니다.
2 4<37이므로 준기가 딱지를 더 많이 가지고 있어요. 37-4=33이므로 준기는 딱지를 현우보다 33장 더 많이 가지고 있어요.
3 18+7=25, 37-5=32, 28-6=22, 17+4=21이고, 17+5=22, 29-4=25, 28-7=21, 17+15=32예요.

1 63　　2 23　　3 13
4 43　　5 56　　6 12
7 53　　8 87　　9 45
10 31　11 61　12 90

도전해 보세요 113쪽

1 42　　　2 (1) 30 (2) 52

1 47>39>31>16>5이므로 가장 큰 수는 47, 가장 작은 수는 5이고, 두 수의 차는 47-5=42예요.
2 (1) 일의 자리 숫자끼리 계산하면 0이고, 십의 자리 숫자끼리 계산하면 5-2=3이에요. 따라서 50-20=30입니다.
(2) 일의 자리 숫자는 5-3=2이고, 십의 자리 숫자는 8-3=5이므로 85-33=52입니다.

18단계 (몇십)-(몇십)

배운 것을 기억해 볼까요? 114쪽

1 7　　　2 23　　　3 (1) 50 (2) 50

개념 익히기 115쪽

1 20　　　2 30
3 60　　　4 30　　　5 10
6 20　　　7 10　　　8 50
9 60　　　10 20　　11 0
12 10　　13 40　　14 40

개념 다지기 116쪽

1 10　　　2 10　　　3 20
4 30　　　5 40　　　6 10

7 70　　8 10　　9 60
10 60　11 30　12 38
13 10　14 40　15 70

선생님놀이

6 먼저, 일의 자리 숫자는 모두 0이므로 그대로 0을 쓰고, 십의 자리 숫자끼리 계산해요. 3-2=1이므로 30-20=10이 돼요.

15 먼저, 일의 자리 숫자끼리 계산하면 0-0=0이고, 십의 자리 숫자끼리 계산하면 9-2=7이에요. 따라서 90-20=70이에요.

개념 다지기 117쪽

1 80-20=60　　2 50-20=30　　3 60-30=30
4 70-10=60　　5 70-40=30　　6 37+20=57
7 20-10=10　　8 60-50=10　　9 80-20=60
10 70-50=20　11 57-3=54　　12 50-10=40
13 80-10=70　14 60+10=70　15 90-40=50

선생님놀이

8 먼저, 일의 자리 숫자끼리 계산하면 0이고, 십의 자리 숫자끼리 계산하면 6-5=1이에요. 따라서 60-50=10이에요.

14 먼저, 일의 자리 숫자끼리 계산하면 0이고, 십의 자리 숫자끼리 계산하면 6+1=7이에요. 따라서 60+10=70이에요.

---

6 5+9=14
7 8+7=15
8 6+6=12
9 9+3=12
10 4+9=13

선생님놀이

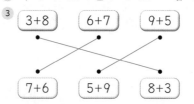

버섯이 6개, 9개 있어요. 버섯의 개수를 모두 세면 15개예요. 이것을 덧셈식으로 나타내면 6+9=15예요.

물고기가 9마리, 3마리 있어요. 물고기를 모두 세면 12마리예요. 이것을 덧셈식으로 나타내면 9+3=12예요.

개념 키우기 046쪽

1 식: 7+5=12　　답: 12
2 식: 4+7=11 또는 7+4=11　　답: 11
3

3+8　　6+7　　9+5

7+6　　5+9　　8+3

1 7에서 5를 이어 세기 하면 12가 돼요. 7+5=12예요.
2 4에서 7을 이어 세기 하면 11이 돼요. 4+7=11이에요. 두 수를 바꾸어 7에서 4를 이어 세기 해도 돼요. 7+4=11이에요.
3 3+8=11, 6+7=13, 9+5=14이고, 7+6=13, 5+9=14, 8+3=11이에요.

개념 다시보기 047쪽

1 11　　　2 11　　　3 13
4 11　　　5 14　　　6 12
7 14　　　8 15　　　9 14

도전해 보세요 047쪽

1 (1) 5 (2) 6 (3) 7
2

+	5	4
6	11	10
8	13	12

1 (1) 9에서 5를 이어 세기 하면 14예요.
(2) 9에서 6을 이어 세기 하면 15예요.
(3) 9에서 7을 이어 세기 하면 16이에요.
2 6에서 4를 이어 세기 하면 10이 돼요. 두 수를 바꾸어 4에서 6을 이어 세기 해도 10이에요. 또 8에서 5를 이어 세기 하면 13이에요. 두 수를 바꾸어 5에서 8을 이어 세기 해도 13이에요.

7단계 10이 되는 더하기, 10에서 빼기

배운 것을 기억해 볼까요? 048쪽

1 6　　　2 12　　　3 (1) + (2) -

개념 익히기 049쪽

1 6　　　　　2 2
3 5, 5　　　4 1, 9
5 8, 2　　　6 4, 6
7 1, 9　　　8 3, 7
9 7, 3　　　10 6, 4

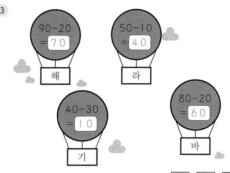

---

1 식: 9-3-2=4   답: 4
2 식: 6-1-2=3   답: 3
3

8-1-2 •   • 8-1-4
9-2-6 •   • 7-0-2
6-2-1 •   • 8-5-2

1 (귤의 개수)-(내가 먹은 귤의 개수)-(동생이 먹은 귤의 개수)=(남아 있는 귤의 개수)이므로 9-3=6, 6-2=4예요. 귤은 4개가 남았어요.
2 (아빠가 사 오신 빵의 개수)-(동생이 먹은 빵의 개수)-(누나가 먹은 빵의 개수)=(남은 빵의 개수)이므로 6-1=5, 5-2=3이에요. 빵은 3개가 남았어요.
3 맨 앞의 수에서 나머지 두 수를 차례로 빼 보세요. 8-1-2=5, 9-2-6=1, 6-2-1=3이고, 8-1-4=3, 7-0-2=5, 8-5-2=1이에요.

1 3; 4, 3   2 1; 7, 1   3 0; 3, 0
4 3; 5, 3   5 1; 5, 1   6 1; 8, 1
7 1; 6, 1   8 2; 2, 2   9 2; 7, 2

1 5   2 (1) 6   (2) 12

1 큰 수에서 작은 수를 차례로 빼요. 7-1=6, 6-1=5예요.
2 (1) 17-7=10, 10-4=6이에요.
   (2) 46-21=25, 25-13=12예요.

6단계 (몇)+(몇)의 계산

1 (1) 8   (2) 9
2 9, 10
3 (1) 8   (2) 2

1 12   2 11   3 11   4 11
5 13   6 12   7 13   8 13

1 13   2 12   3 12   4 11   5 14
6 15   7 12   8 11   9 14   10 12

선생님놀이

3 ●●●○○○○○○○○○
검은색 바둑돌이 3개, 흰색 바둑돌이 9개예요. 바둑돌의 개수를 모두 세면 12개예요. 이것을 덧셈식으로 나타내면 3+9=12예요.

9 ●●●●●●○○○○○○○○
검은색 바둑돌이 6개이고, 흰색 바둑돌이 8개예요. 바둑돌의 개수를 모두 세면 14개예요. 이것을 덧셈식으로 나타내면 6+8=14예요.

1 7 + 5 = 1 2
2 9 + 4 = 1 3
3 6 + 9 = 1 5
4 4 + 7 = 1 1
5 7 + 6 = 1 3

---

1 식: 60-20=40   답: 40
2 식: 70-50=20   답: 동화책, 20
3

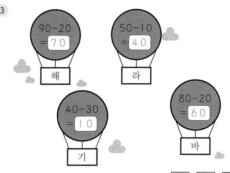

90-20 =70 해
50-10 =40 라
40-30 =10 기
80-20 =60 바

해 바 라 기

1 (가지고 있는 달걀 개수)-(요리에 사용한 달걀 개수)=(남은 달걀의 개수)이므로 식을 세우면 60-20=40이고, 남은 달걀은 40개예요.
2 70〉50이므로 더 많이 읽은 책은 동화책이고, 70-50=20이므로 동화책을 20쪽 더 많이 읽었어요.
3 열기구에 있는 (몇십)-(몇십)을 계산해요. 90-20=70, 80-20=60, 50-10=40, 40-30=10의 순서로 글자를 쓰면 해, 바, 라, 기가 돼요.

1 10   2 10   3 60
4 30   5 20   6 0
7 40   8 50   9 30
10 10   11 10   12 20

1 60, 30   2 (1) 11   (2) 22

1 (몇십)-(몇십)은 일의 자리 숫자가 0이므로 십의 자리 숫자끼리 빼서 계산해요. 3, 4, 5, 6 중 빼서 3이 되는 두 수는 6과 3이에요. 60-30=30이에요.
2 (1) 일의 자리끼리 계산하면 8-7=1이고 십의 자리끼리 계산하면 3-2=1이에요. 따라서 38-27=11입니다.
   (2) 일의 자리끼리 계산하면 8-6=2, 십의 자리끼

19단계 (몇십몇)-(몇십몇)

1 11   2 40   3 (1) 57   (2) 13

1 42   2 24
3 32   4 14   5 20
6 62   7 53   8 36
9 36   10 31   11 2
12 14   13 22   14 34

1 22   2 34   3 6
4 52   5 20   6 51
7 62   8 32   9 71
10 13   11 23   12 15
13 78   14 15   15 33

선생님놀이

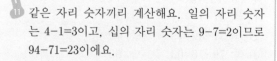

2 (몇십몇)-(몇십몇)은 같은 자리 숫자끼리 계산해요. 46-12에서 일의 자리 숫자끼리 계산하면 6-2=4이고, 십의 자리 숫자끼리 계산하면 4-1=3이에요. 따라서 46-12=34예요.

11 같은 자리 숫자끼리 계산해요. 일의 자리 숫자는 4-1=3이고, 십의 자리 숫자는 9-7=2이므로 94-71=23이에요.

개념 다지기   123쪽

①
```
   3 4
 - 2 1
   1 3
```
②
```
   2 8
 - 1 3
   1 5
```
③
```
   5 3
 - 2 3
   3 0
```
④
```
   6 6
 - 4 4
   2 2
```
⑤
```
   8 3
 - 2 3
   6 0
```
⑥
```
   7 5
 - 4 1
   3 4
```
⑦
```
   1 6
 + 2 2
   3 8
```
⑧
```
   5 7
 - 3 2
   2 5
```
⑨
```
   5 7
 - 1 3
   4 4
```
⑩
```
   7 6
 - 3 6
   4 0
```
⑪
```
   1 5
 + 5 3
   6 8
```
⑫
```
   7 3
 - 3 0
   4 3
```
⑬
```
   8 7
 - 4 5
   4 2
```
⑭
```
   7 8
 - 3 2
   4 6
```
⑮
```
   7 6
 - 1 2
   6 4
```

선생님놀이

⑤
```
   8 3
 - 2 3
   6 0
```
먼저 몇십과 몇을 같은 자리끼리 세로로 맞춰 쓰고 같은 자리 숫자끼리 계산해요. 일의 자리 숫자는 3-3=0이고, 십의 자리 숫자는 8-2=6이므로, 83-23=60이에요.

⑬
```
   8 7
 - 4 5
   4 2
```
먼저 몇십과 몇을 같은 자리끼리 세로로 맞춰 쓰고 같은 자리 숫자끼리 계산해요. 일의 자리 숫자는 7-5=2이고, 십의 자리 숫자는 8-4=4이므로 87-45=42예요.

개념 키우기   124쪽

① 식: 47-15=32   답: 32
② 식: 26-12=14   답: 14
③ (1) 식: 37-16=21   답: 21
  (2) 식: 37+42=79   답: 79
  (3) 식: 79-16=63   답: 63

① (운동장에서 놀고 있는 학생 수)-(교실로 들어간 학생 수)=(운동장에 남는 학생 수)이므로, 식을 세우면 47-15=32이고, 운동장에 남는 학생 수는 32명이에요.
② (버스에 타 있는 사람 수)-(다음 정류장에서 내린 사람 수)=(버스에 남는 사람 수)이므로, 식을 세우면 26-12=14이고, 버스에는 14명이 남아요.
③ (1) 오이가 배추보다 많으므로 오이 개수에서 배추 포기 수를 빼면 돼요. 식을 세우면 37-16=21이므로, 오이는 배추보다 21개 더 많아요.
  (2) 오이 개수에 42를 더하면 감자 개수를 알 수 있어요. 식을 세우면 37+42=79이므로, 감자는 모두 79개예요.
  (3) 감자가 배추보다 많으므로 감자 개수에서 배추 포기 수를 빼면 돼요. 식을 세우면 79-16=63이므로, 감자가 배추보다 63개 더 많아요.

개념 다시보기   125쪽

① 1   ② 44   ③ 30
④ 34   ⑤ 31   ⑥ 8
⑦ 27   ⑧ 0   ⑨ 24
⑩ 25   ⑪ 16   ⑫ 50

도전해 보세요   125쪽

① 54   ② 53

① (책의 쪽수)-(도형이가 읽은 쪽수)=(남은 쪽수)예요. 86-32=54이므로, 54쪽을 더 읽으면 책을 다 읽게 돼요.
② 68>57>43>39>15이므로, 가장 큰 수는 68이고 가장 작은 수는 15예요. 두 수의 차는 68-15=53이에요.

5에 2를 더하면 7이에요.

⑫ 1+6+2는 앞에서부터 차례로 계산해요. 1+6=7이고 7에 2를 더하면 9예요.

개념 키우기   034쪽

① 식: 2+3+1=6   답: 6
② 식: 4+1+3=8   답: 8
③ (1) 식: 3+1+2=6   답: 6
  (2) 식: 1+2+2=5   답: 5
  (3) 호랑이팀

① 세 수 2, 3, 1을 더해요. 2+3=5, 5+1=6이므로 2+3+1=6이에요. 장바구니에는 모두 6개의 채소가 들어 있어요.
② 세 수 4, 1, 3을 더해요. 4+1=5, 5+3=8이므로 4+1+3=8이에요. 꽃은 모두 8송이예요.
③ (1) 호랑이팀이 3회까지 얻은 점수를 모두 더해요. 3+1=4, 4+2=6이므로 3+1+2=6이에요. 호랑이팀은 6점을 얻었어요.
  (2) 사자팀이 3회까지 얻은 점수를 모두 더해요. 1+2=3, 3+2=5이므로 1+2+2=5예요. 사자팀은 5점을 얻었어요.
  (3) 호랑이팀은 6점, 사자팀은 5점이에요. 6>5이므로 호랑이팀이 이기고 있어요.

개념 다시보기   035쪽

① 7; 4, 7   ② 4; 2, 4   ③ 7; 6, 7
④ 8; 4, 8   ⑤ 8; 4, 8   ⑥ 7; 5, 7
⑦ 9; 6, 9   ⑧ 6; 5, 6   ⑨ 3; 1, 3

도전해 보세요   035쪽

① 9   ② 14; 10, 14

① 세 수를 더한 값을 빈 곳에 써요. 2+3=5, 5+4=9예요.
② 1+9=10, 10+4=14이므로 1+9+4=14예요.

5단계   세 수의 뺄셈

배운 것을 기억해 볼까요?   036쪽

① 7   ② (1) 3 (2) 1   ③ 7

개념 익히기   037쪽

① 1; 2, 2, 1   ② 1; 2, 2, 1
③ 2; 5, 5, 2   ④ 1; 6, 6, 1
⑤ 5; 6, 6, 5   ⑥ 1; 6, 6, 1
⑦ 3; 5, 5, 3   ⑧ 7; 8, 8, 7

개념 다지기   038쪽

① 1; 3, 1   ② 2; 5, 2   ③ 0; 3, 0
④ 1; 3, 1   ⑤ 2; 3, 2   ⑥ 3; 7, 3
⑦ 4; 6, 4   ⑧ 7; 5, 7   ⑨ 1; 4, 1
⑩ 9; 6, 9   ⑪ 3; 4, 3   ⑫ 2; 6, 2

선생님놀이

⑤ 8-5-1은 앞에서부터 차례로 계산해요. 8-5=3이고 3에서 1을 빼면 2예요.

⑨ 5-1-3은 앞에서부터 차례로 계산해요. 5-1=4이고 4에서 3을 빼면 1이에요.

개념 다지기   039쪽

① 1   ② 1
③ 0   ④ 7
⑤ 2   ⑥ 0
⑦ 2   ⑧ 2
⑨ 4   ⑩ 1
⑪ 3   ⑫ 8

선생님놀이

⑦ 9-2-5는 앞에서부터 차례로 계산해요. 9-2=7이고 7에서 5를 빼면 2예요.

⑪ 8-1-4는 앞에서부터 차례로 계산해요. 8-1=7

개념 다시보기   029 쪽

1 84는 58보다 (큽니다, 작습니다).

2 63은 64보다 (큽니다, 작습니다).

3 85는 73보다 (큽니다, 작습니다).

4 90은 70보다 (큽니다, 작습니다).

5 68은 84보다 (큽니다, 작습니다).

6 53은 74보다 (큽니다, 작습니다).

7 80은 78보다 (큽니다, 작습니다).

8 64은 70보다 (큽니다, 작습니다).

9 98은 99보다 (큽니다, 작습니다).

10 77은 66보다 (큽니다, 작습니다).

도전해 보세요   029쪽

1 ⓪ ② 4 6 8

2 (1) 55 59 51

   (2) 91 61 81

   (3) 84 95 87

1 74>7□이므로 7□는 74보다 작은 수가 되어야 해요. 몇십몇에서 앞의 몇십의 수는 7로 같습니다. 뒤의 몇의 수 중 4보다 작은 수는 0, 2예요.

2 (1) 몇십몇에서 몇십의 수가 같으므로, 몇의 수를 비교하면, 가장 큰 수는 59, 가장 작은 수는 51이에요.

   (2) 몇십몇에서 몇십의 수를 비교하면, 가장 큰 수는 91, 가장 작은 수는 61이에요.

   (3) 몇십몇에서 몇십의 수를 비교하면, 가장 큰 수는 95이고, 84와 87은 몇십의 수가 같으므로 몇의 수를 비교하면, 가장 작은 수는 84예요.

4단계 세 수의 덧셈

배운 것을 기억해 볼까요?   030쪽

1 (1) 5 (2) 9   2 10   3 8

개념 익히기   031쪽

1 8; 4, 4, 8   2 8; 7, 7, 8
3 9; 7, 7, 9   4 8; 5, 5, 8
5 5; 4, 4, 5   6 9; 8, 8, 9
7 9; 7, 7, 9   8 7; 6, 6, 7

개념 다지기   032쪽

1 5; 4, 5   2 6; 4, 6
3 8; 7, 8   4 8; 6, 8
5 8; 7, 8   6 6; 5, 6
7 9; 4, 9   8 9; 2, 9
9 8; 7, 8   10 8; 6, 8
11 9; 8, 9   12 5; 3, 5

선생님놀이

🐰 2 세 수의 덧셈은 앞에서부터 차례로 계산해요. 3+1=4, 4+2=6이에요.

🐰 11 세 수의 덧셈은 앞에서부터 차례로 계산해요. 3+5=8, 8+1=9예요.

개념 다지기   033쪽

1 7   2 8
3 7   4 9
5 8   6 8
7 9   8 9
9 6   10 9
11 7   12 9

선생님놀이

🐰 3 3+2+2는 앞에서부터 차례로 계산해요. 3+2=5,

20단계 두 자리 수의 덧셈과 뺄셈

배운 것을 기억해 볼까요?   126쪽

1 (1) 53 (2) 31   2 29   3 23

개념 익히기   127쪽

1 27   2 23
3 25   4 16   5 40
6 20   7 74   8 28
9 16   10 49   11 79
12 37   13 23   14 54

개념 다지기   128쪽

1 16, 12, 28; 16, 12, 4
2 30, 40, 70 또는 40, 30, 70; 40, 30, 10
3 3, 15, 18 또는 15, 3, 18; 15, 3, 12
4 37, 22, 59 또는 22, 37, 59; 37, 22, 15
5 24, 75, 99 또는 75, 24, 99; 75, 24, 51
6 10, 36, 46 또는 36, 10, 46; 36, 10, 26
7 43, 23, 66 또는 23, 43, 66; 43, 23, 20
8 46, 2, 48 또는 2, 46, 48; 46, 2, 44

선생님놀이

🐰 3 3, 15를 이용하여 덧셈식을 만들면 3+15 또는 15+3이 돼요. 뺄셈식은 큰 수에서 작은 수를 빼야 하므로 15-3이 돼요. 이 두 식을 계산하면 3+15=18 또는 15+3=18, 15-3=12예요.

🐰 6 10, 36을 이용하여 덧셈식을 만들면 10+36 또는 36+10이 돼요. 뺄셈식은 큰 수에서 작은 수를 빼야 하므로 36-10이 돼요. 이 두 식을 계산하면 10+36=46 또는 36+10=46, 36-10=26이에요.

개념 다지기   129쪽

1
```
    7 6
  - 2 1
    5 5
```

2
```
    2 4
  + 1 3
    3 7
```

3
```
    5 0
  - 2 0
    3 0
```

4
```
    4 5
  + 5 2
    9 7
```

5
```
      6
  + 3 2
    3 8
```

6
```
    5 8
  - 4 1
    1 7
```

7
```
    7 9
  + 9 0
    9 9
```

8
```
    7 1
  + 1 7
    8 8
```

9
```
    6 4
  - 1 3
    5 1
```

10
```
    3 0
  - 1 0
    2 0
```

11
```
    8 7
  - 3 4
    5 3
```

12
```
    7 0
  + 2 8
    9 8
```

13
```
    5 3
  + 2 0
    7 3
```

14
```
    8 8
  -   8
    8 0
```

15
```
    5 9
  - 3 9
    2 0
```

선생님놀이

🐰 5
```
      6
  + 3 2
    3 8
```
먼저 몇과 몇십을 같은 자리끼리 세로로 맞춰 쓰고 같은 자리 숫자끼리 계산해요. 일의 자리 수는 6+2=8이고, 십의 자리 수는 3이 그대로 내려오므로 6+32=38이에요.

🐰 11
```
    8 7
  - 3 4
    5 3
```
먼저 몇과 몇십을 같은 자리끼리 세로로 맞춰 쓰고 같은 자리 숫자끼리 계산해요. 일의 자리 수는 7-4=3이고, 십의 자리 수는 8-3=5이므로 87-34=53이에요.

개념 키우기   130쪽

1 식: 75-42=33   답: 33
2 식: 23+12=35   답: 35
3 (1) 5, 32 (2) 2, 4, 23

1 (동화책의 쪽수)-(지금까지 읽은 쪽수)=(남은 쪽수)예요. 75-42=33이므로, 33쪽을 더 읽어야 해요.

2 스티커 23장에 12장을 더 모아야 하므로 식을 세우면 23+12=35예요. 모두 35장을 모아야 해요.

3 (1) 더해서 37이 되는 두 수를 찾아요. 5와 32를 맞히면 37이 돼요.

   (2) 더해서 29가 되는 세 수를 찾아요. 2+4+23=29예요.

개념 다시보기 131쪽

1. 9, 6, 15 또는 6, 9, 15; 9, 6, 3
2. 26, 12, 38 또는 12, 26, 38; 26, 12, 14
3. 4, 15, 19 또는 15, 4, 19; 15, 4, 11
4. 62, 12, 74 또는 12, 62, 74; 62, 12, 50
5. 54, 20, 74 또는 20, 54, 74; 54, 20, 34
6. 73, 20, 93 또는 20, 73, 93; 73, 20, 53

도전해 보세요 131쪽

1. 27
2. 7, 5

1. 아빠 다람쥐가 모은 도토리의 개수는 12+3=15
   이고, 아기 다람쥐가 모은 도토리의 개수는 12이
   므로 모두 합하면 15+12=27이에요.
2. 일의 자리를 계산하면 7-2=5이고, 십의 자리는
   1 작은 수가 6이 되는 수이므로 7이에요.

수고하셨어요.
다음 단계로 같이 가요!

26

3단계 수의 크기 비교

배운 것을 기억해 볼까요? 024쪽

1. <   2. <   3. 26, 35, 38

개념 익히기 025쪽

1. 62, 39; 39, 62
2. 76, 74; 74, 76
3. 45, 35; 35, 45
4. 83, 69; 69, 83
5. 84, 58; 58, 84
6. 75, 51; 51, 75
7. 94, 67; 67, 94
8. 86, 82; 82, 86

개념 다지기 026쪽

1. ⑦② 52   2. 65 ⑦⑤
3. ⑧③ 38   4. 52 ⑨⓪
5. ⑦⓪ 68   6. ⑨⑨ 88
7. 62 ⑦⑧   8. ⑤⓪ 30
9. 86 ⑨③   10. ⑦⑦ 59
11. ⑥⑧ 58   12. 39 ⑧⓪

선생님놀이

5. 70은 10개씩 묶음이 7개이고 68은 묶음이 6개
   이므로 70이 더 큰 수예요. 70에 ○표 해요.

12. 39는 10개씩 묶음이 3개이고 80은 10개씩 묶
    음이 8개이므로 80이 더 큰 수예요. 80에 ○표
    해요.

개념 다지기 027쪽

1. 30, 40, 50   2. 45, 55, 65
3. 60, 78, 85   4. 73, 75, 80
5. 26, 52, 73, 90   6. 37, 58, 84, 93
7. 55, 66, 77, 88   8. 7, 36, 50, 70
9. 38, 46, 64, 82, 85   10. 6, 52, 57, 75, 89
11. 30, 63, 74, 91, 95   12. 93, 95, 97, 98, 99

선생님놀이

6. 몇십몇에서 앞에 나오는 몇십의 수를 비교하면
   작은 수를 쉽게 찾을 수 있어요. 84, 58, 37, 93
   중 가장 작은 수는 37이에요. 37부터 순서대로
   쓰면 37-58-84-93이 돼요.

11. 몇십몇에서 앞에 나오는 몇십의 수를 비교하여
    수의 순서를 찾아요. 63, 91, 95, 74, 30 중 가장
    작은 수는 30이고, 30부터 순서대로 쓰면 30-
    63-74-91-95가 돼요.

개념 키우기 028쪽

1. (1) <   (2) <   (3) >   (4) >

2. (1) 72 ⑦④ 68 ⑨⓪

   (2) 85 97 ⑥② ⑧

   (3) 78 68 89 ⑤⑥

1. (1) 몇십몇에서 앞의 몇십의 수를 비교해요.
      87은 90보다 작습니다.
   (2) 몇십몇에서 앞의 몇십의 수를 비교해요.
      57은 75보다 작습니다.
   (3) 몇십몇에서 앞의 몇십의 수를 비교해요.
      63은 53보다 큽니다.
   (4) 몇십몇에서 앞의 몇십의 수가 같으므로, 뒤의
      몇의 수를 비교해요. 84는 82보다 큽니다.
2. (1) 10개씩 묶음 7개와 낱개 3개인 수는 73이에
      요. 73보다 큰 수를 찾아 ○표 해요.
   (2) 10개씩 묶음 8개와 낱개 4개인 수는 84예요.
      84보다 작은 수를 찾아 ○표 해요.
   (3) 10개씩 묶음 6개와 낱개 8개인 수는 68이에
      요. 68보다 작은 수를 찾아 ○표 해요.

3

◀ 배운 것을 기억해 볼까요? **018쪽**

1 16   2 26, 27, 28   3 33, 31

개념 익히기 **019쪽**

1 44   2 51   3 80   4 15
5 61   6 58   7 89   8 74
9 70   10 56   11 71   12 98

개념 다지기 **020쪽**

1 49, 51   2 68, 70   3 72   4 58
5 34   6 74, 75   7 89, 92   8 80, 81
9 60, 63   10 86, 88

선생님놀이

🐰6 73 다음에 오는 수는 1씩 커지는 수이므로 74, 75가 돼요.

🐰9 61보다 1만큼 더 작은 수는 60이고, 62보다 1만큼 더 큰 수는 63이므로 빈 곳에는 60과 63이 들어가요.

개념 다지기 **021쪽**

1 60, 61, 62   2 88, 89, 90
3 55, 56, 57   4 77, 78, 79
5 80, 81, 82   6 68, 69, 70
7 70, 71, 72, 73   8 56, 57, 58, 59
9 63, 64, 65, 66   10 96, 97, 98, 99

선생님놀이

🐰3 57, 56, 55를 순서대로 늘어놓으면 55-56-57이 돼요.

🐰7 73, 72, 70, 71 중에서 가장 작은 수는 70이에요. 70에서 1씩 커지는 순서대로 수를 늘어놓으

면 70-71-72-73이 돼요.

개념 키우기 **022쪽**

1 (1) | 61 | 62 | 63 | 64 | 65 | 66 | 67 | 68 | 69 | 70 |

(2) | 85 | 86 | 87 | 88 | 89 | 90 | 91 | 92 | 93 | 94 |

(3) | 84 | 83 | 82 | 81 | 80 | 79 | 78 | 77 | 76 | 75 |

2

75	37	88		43	62	99		5	30
수	학	은		신	나	는		놀	이

13	67	70	81	56		84	36	63	38	56
개	념	연	결	!		재	미	도	짱	!

1 (1) 61부터 오른쪽으로 갈수록 1씩 커지는 규칙이 있어요.
(2) 오른쪽으로 갈수록 1씩 커지는 규칙이 있어요. 87 앞에는 85, 86이 와야 해요. 87과 91 사이에는 88, 89, 90이 와야 해요. 92 다음에는 93, 94가 와야 해요.
(3) 오른쪽으로 갈수록 1씩 작아지는 규칙이 있어요. 83 앞에는 84가 와야 해요. 82와 79 사이에는 81, 80이 와야 해요. 78 다음에는 77, 76, 75가 와야 해요.

2 수에 알맞은 글자를 찾아 쓰면 위와 같이 돼요.

개념 다시보기 **023쪽**

1 66, 68   2 60, 61   3 72, 74   4 49, 52
5 82, 85   6 90, 92   7 80, 82   8 59, 60
9 86, 87   10 97, 99

도전해 보세요 **023쪽**

1 69, 71

2

			99
		98	97
	96	95	94
93	92	91	90

2 위에서 아래로, 또 오른쪽으로 1씩 작아지는 규칙이 있어요. 순서대로 답을 써요.

MEMO

1단계 99까지의 수

배운 것을 기억해 볼까요? **012쪽**

❶ 36　　　❷ 2, 3　　　❸ 3, 25

개념 익히기 **013쪽**

❶ 7, 0　　❷ 4, 0　　❸ 6, 3　　❹ 8, 6
❺ 7, 2　　❻ 4, 7　　❼ 8, 9　　❽ 6, 4

개념 다지기 **014쪽**

❶ 85　　❷ 52　　❸ 37　　❹ 71
❺ 68　　❻ 93　　❼ 85　　❽ 76

선생님놀이

❸ 10씩 3묶음이고 낱개가 7개이므로 37이에요.

❻ 10씩 9묶음이고 낱개가 3개이므로 93이에요.

개념 다지기 **015쪽**

❶ 60　　❷ 45　　❸ 72　　❹ 84　　❺ 53
❻ 91　　❼ 66　　❽ 97　　❾ 70　　❿ 59

선생님놀이

❺ 낱개 53개는 10개씩 묶음 5개와 낱개 3개와 같으므로 53을 나타내요.

❾ 10씩 7묶음이고 낱개가 0개이면 70이에요.

개념 키우기 **016쪽**

❶
수	10개씩 묶음	낱개
68	6	8
52	5	2
87	8	7
74	7	4

❷
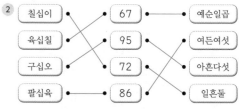

❶ 수가 68이면 10개씩 묶음 6개, 낱개 8개와 같아요.
　수가 52이면 10개씩 묶음 5개, 낱개 2개와 같아요.
　수가 87이면 10개씩 묶음 8개, 낱개 7개와 같아요.
　10개씩 묶음 7개, 낱개 4개는 수 74와 같아요.
❷ 67은 육십칠 또는 예순일곱이라고 읽어요.
　95는 구십오 또는 아흔다섯이라고 읽어요.
　72는 칠십이 또는 일흔둘이라고 읽어요.
　80은 팔십육 또는 여든여섯이라고 읽어요.
　관계있는 것끼리 선으로 이으면 이런 모양이 돼요.

개념 다시보기 **017쪽**

❶ 68　　❷ 72　　❸ 59　　❹ 85
❺ 74　　❻ 55　　❼ 67　　❽ 96

도전해 보세요 **017쪽**

❶ 육십팔, 예순여덟　　❷ 74, 76

❶ 68은 육십팔 또는 예순여덟이라고 읽어요.
❷ 73 다음에 오는 수는 73보다 1만큼 더 큰 수이므로 74입니다. 75 다음에는 75보다 1만큼 더 큰 수인 76이 옵니다.

개념연결 수학 학습 프로그램

	미취학	초등1-6년	중학1-3년	고등1년
개념 튼튼! **수학 사전**	유아수학사전	초등수학사전 초등수학사전 분권(저·중·고학년) 초등수학 용어사전 	중학수학사전	고등수학사전
계산 척척! **연산 문제집**		연산의 발견 시리즈 1~6학년(전 12권) 영역별 연산 시리즈 구구단 / 덧셈·뺄셈 곱셈·나눗셈 / 분수 / 소수 		
사고력 술술! **문해력 수학**		박문수 시리즈 1~6학년(전 12권) 부록: 개념 필사노트 		
학력 쑥쑥! **미래 교과서**		수학의 미래 1~6학년(전 12권) 만화 수학교과서 1~6학년(전 6권) 		고등수학의 발견 (상)(하) 
흥미진진! **학습 만화**		수학요괴전 (전 9권) 		

2권

초등
1학년

개념연결
연산의
발견

정답과 풀이

선생님 놀이
해설

우리 친구의 설명이
해설과 조금 달라도 괜찮아.
개념을 이해하고 설명했다면
통과!